苏州名城保护集团
中国城市规划设计研究院 编

中国有条十全街

苏州城市更新
与活化焕新的实践探索

编委会

主　任：邓　东　孙黎峰

编　委：杨　跃　陈育军　李　锋

执　编：杜祯彬　李晓晖

苏州大学出版社
Soochow University Press

图书在版编目（CIP）数据

中国有条十全街 ：苏州城市更新与活化焕新的实践探索 / 苏州名城保护集团，中国城市规划设计研究院编. 苏州 ：苏州大学出版社，2025. 4. -- ISBN 978-7-5672-5220-2

Ⅰ. TU984.253.3

中国国家版本馆 CIP 数据核字第 2025LK9143 号

书　　名：中国有条十全街：苏州城市更新与活化焕新的实践探索
Zhongguo You Tiao Shiquanjie：
Suzhou Chengshi Gengxin Yu Huohua Huanxin De Shijian Tansuo

编　　者：苏州名城保护集团　中国城市规划设计研究院
责任编辑：孙腊梅　王　娅

出版发行：苏州大学出版社（Soochow University Press）
社　　址：苏州市十梓街 1 号　邮编：215006
印　　刷：苏州工业园区美柯乐制版印务有限责任公司
邮购热线：0512-67480030
销售热线：0512-67481020

开　　本：718 mm×1 000 mm　1/16　印张：17.25　字数：265 千
版　　次：2025 年 4 月第 1 版
印　　次：2025 年 4 月第 1 次印刷
书　　号：ISBN 978-7-5672-5220-2
定　　价：98.00

十全街航拍图（王曦摄）

目录

文化挖掘篇

十全街与人民路交叉口（贾嘉摄）

十全街综合整治提升行动

十全街是苏州古城最有代表性的特色街区之一，东起葑门安里桥堍、西至人民路三元坊口，全长2004米，宽8—9米，至今依然保持“两街夹一河”的古街形制。最早可追溯至宋代，因旧有十口古井，原称“十泉街”。清乾隆帝自号“十全老人”，传说他南巡至苏，曾驻跸于十泉街附近带城桥下塘织造署内，地方官员为讨好乾隆，遂改“十泉街”为“十全街”。

十全街历史文化遗存丰富、时尚潮流元素聚集，既是古城居民重要的生活休闲去处，也是外地游客体验古城文化生活的重要观光空间。沿路有网师园、沧浪亭等古典园林，有苏州织造署、长洲县衙等名胜古迹，改革开放初期众多涉外宾馆在此集聚，如今网红餐饮、特色小店、独立品牌林立，逐渐形成了融商业、文教、办公、居住四种功能于一身的综合性街区，涉及主体主要包括598家独立商铺的商户、5个社区的2万多居民、3个创业园的创客、近10所百年名校的学生，还有4座酒店的游客5大类人群。

从古时文庙和府学到新式办学，从江南园林到外事宾馆，从“工艺品一条街”“酒吧一条街”再到“玉器一条街”“网红打卡一条街”，无论街道特色如何演变，十全街始终是一条不断自我更新发展的生活型街道，呈现出开放包容的独特魅力。

近年来，十全街出现步行空间狭窄、公共空间缺乏、水街特色不显、部分资产低效闲置、古城街道活力不足等问题。2024年起，苏州面对提振经济、激发活力的现实需要，按照“精细、精致、精微、精雅”目标、“续、多、新”路径（延续文脉、延续传统、延续烟火，更续发展，接续奋斗，后续评估；多目标协同、多主体参与、多要素融合、多方式实施；政策创新、机制创新、技术创新、业态创新）、“中心+”“文化+”“数字+”策略、“民生优先、安全优先、保护优先”原则，以共生式可持续城市更新为理念，践行共同缔造、长效治理的工作方法，将十全街打造成以人为本，更具底蕴、更具特色、更具人气的“古城保护更新示范街区”。

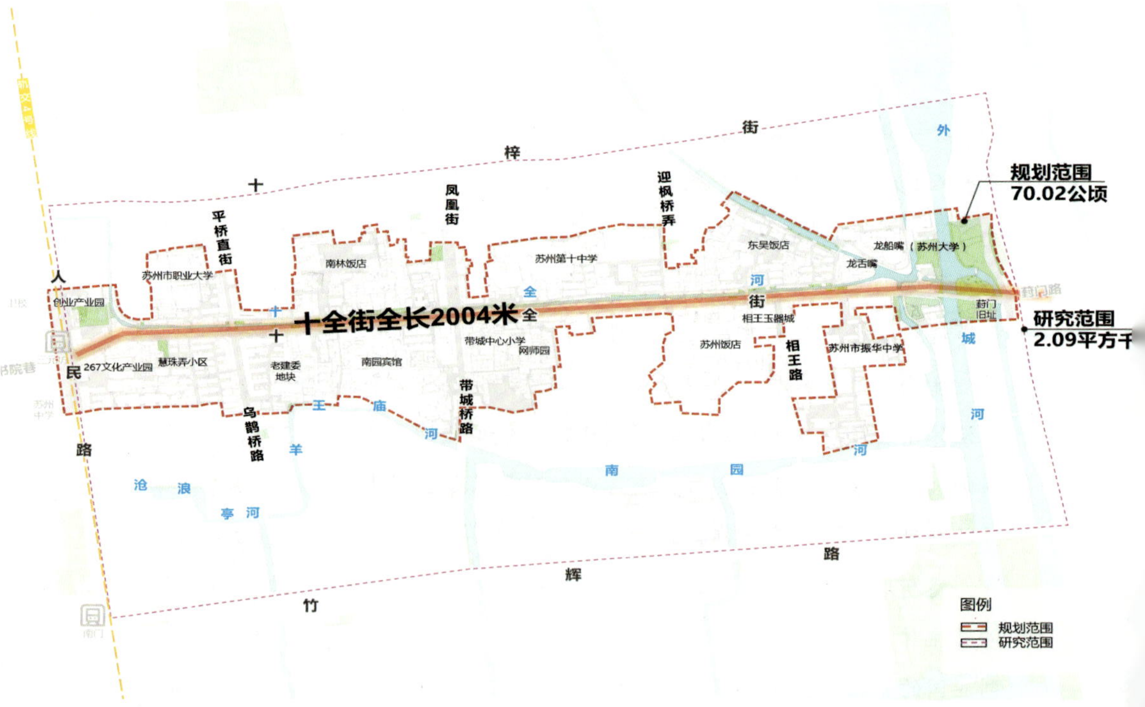

十全街综合整治提升范围（项目组供图）

十全街综合整治提升工作的规划范围为70.02公顷，研究范围为2.09平方千米，西起人民路、东至莫邪路，长约2000米，涉及十全街主街、临街十全河及北侧背街，包含市政、交通、景观、建筑等方面的综合提升改造，通过优化街道布局、拓宽步行空间、提升空间品质、强化文化赋能，激发商家业态革新的热情，吸引更多社会主体共同参与打造特色消费场景，共建、共享、共治，推动文商旅业态整体提质升级。2023年12月，苏州市委书记刘小涛专题调研十全街，并现场主持研究部署十全街片区综合整治提升工作，启动整体规划设计研究工作。2024年4月26日综合整治提升行动开工，6月29日主街施工完成，十全街正式重新开街，9月底全面完工。

古城保护更新和十全街更新改造专家畅谈会

十全街重新开街仪式

改造后的十全街焕然一新，人流量翻倍、营业额上升，在政府引导下，各类社会主体广泛持续参与更新改造，激发沿线地块与邻近片区的整体更新，有效提升了城市经济活力，扩大了文化传播效应，已成为苏州 citywalk 热门目的地和网红打卡地。十全街的改造提升充分贯彻落实了习近平总书记“保护好、挖掘好、运用好，不仅要在物质形式上传承好，更要在心里传承好”和“生活在这里很有福气”的殷殷嘱托，也为不断提升古城人居环境和空间品质，纵深推进人产城融合、文商旅互动，建设更具活力、更有魅力的苏州古城，面向世界贡献古城保护的苏州方案提供了一定借鉴。

彩霞映十全（阙明芬摄）

活化焕新篇

航拍帝赐莲桥（阙明芬摄）

苏州市振华中学门口（查巧萍摄）

走向可持续城市更新

宏观背景

十全街综合整治提升行动实际上是苏州开展城市更新行动的一部分。党的十九届五中全会明确提出要把实施城市更新行动作为国家重大战略决策，其目的在于推动城市结构调整优化和品质提升，转变城市开发建设方式，对于全面提升城市发展质量、不断满足人民日益增长的美好生活需要、促进经济社会持续健康发展，具有重要而深远的意义。

党的十九届五中全会以来，围绕城市更新行动，国家陆续出台了系列政策文件与试点示范措施。住房和城乡建设部（简称“住建部”）、国家发展和改革委员会（简称“发改委”）、财政部等部门相继出台政策文件，积极推进生态修复、城市修补、历史街区复兴、中心区再开发、老工业区改造、棚户区改造、老旧小区改造等城市更新工作。2021 年，住建部开展第一批城市更新试点工

进士桥（虞降摄）

帝赐莲桥（陆伟平摄）

作，探索城市更新统筹谋划机制、城市更新可持续模式，建立城市更新配套制度机制，2024 年，财政部联合住建部开展第一批城市更新示范工作，支持城市地下管网和综合管廊建设、污水管网“厂网一体”建设改造、市政基础设施补短板、老旧片区更新改造等工作。

当前，我国城市发展由大规模增量建设转为存量提质改造和增量结构调整并重，由外延扩张式发展转为内涵提升式发展，由注重“有没有”转为注重“好不好”。通过实施城市更新行动，及时回应群众关切，补齐基础设施和公共服务设施短板，推动城市结构调整优化，提升城市品质，人民群众的城市生活变得更方便、更舒心、更美好。

苏州行动

苏州在国家实施城市更新行动中扮演着重要角色。2023 年，习近平总书记视察苏州时提出，历史文化街区要保护好、挖掘好、运用好，不仅要在物质形式上传承好，更要在心里传承好。住建部领导多次到苏州考察指导，其中倪虹部长在苏州调研时要求，打造宜居、韧性、智慧城市，努力为人民群众创造高品质生活空间。

十全街街头打卡处（俞学友摄）

2021 年 11 月，苏州成为全国首批 21 个城市更新试点城市之一。苏州还是全国首批、省内唯一的城镇老旧小区改造试点城市。苏州围绕城市更新的堵点、痛点问题，积极探索城市更新路径，建立了一系列工作机制，制定了一系列规章制度，形成了一大批创新经验做法。苏州城市更新三项经验入选住建部第二、第三批《实施城市更新行动可复制经验做法清单》，是全省唯一一座其创新经验同时入选两批清单的城市。

近年来，苏州统筹谋划城市更新方案、积极探索城市更新路径、努力构建城市更新机制，稳步推进具有苏州特色的城市更新行动，完善城市功能、提升城市品质、改善人居环境、传承历史文化，推动城市高质量发展，取得了初步成效。苏州市委、市政府提出努力打造向世界展示社会主义现代化的“最美窗口”，苏州也因此成功获得联合国人居环境奖和李光耀世界城市奖。欲穷千里目，更上一层楼。未来苏州仍须通过实施城市更新，在推动宜居、韧性、智慧城市建设方面，继续走在全国前列。

主要问题

在城市化进程加速推进的时代背景下，城市更新已成为城市发展的重要课题。传统的城市更新模式在一定程度上推动了城市的物质空间改造和功能提升，但随着社会经济的多元化发展及人们对城市生活品质要求的日益提高，其局限性也逐渐显现出来，主要体现在以下几点。

忽视多元主体需求，引发社会矛盾。传统城市更新模式以政府或少数专业规划团队为主导，忽视城市中多元主体的复杂利益关系和真实需求。在旧城改造中，大规模拆除老旧建筑，迫使原住居民搬迁，破坏了传统社区文化和社会网络，导致居民失去归属感，同时引发居民与相关部门的矛盾。此外，这种模式缺乏对经济发展和环境可持续性的综合考虑，可能造成改造后区域经济活力不足、生态环境恶化等问题。

更新方式过于强硬，破坏城市原有生态。传统城市更新方式往往是大包大揽的强干预模式，且过于依赖土地财政、大规模投资开发项目。

这种方式不仅资金投入大，而且会对城市原有生态和社会结构造成巨大冲击。老城的烟火气依赖于长期积累的社群共生关系，强干预模式会扰动这种关系，破坏城市的自然生长节奏，不利于城市未来的发展。

治理模式片面，难以实现多方共赢。传统城市更新侧重于关注更新结果，忽视更新过程中的多元利益诉求。缺乏系统性的制度设计，没有建立包容、开放的决策体系和协商平台，政府、市场、产权人等多方利益相关者难以平等地对话协商，无法达成共识。这使得更新成效难以获得公众及利益相关者的广泛认可，无法实现多元主体共建、共治、共享，难以推动城市更新向共赢的方向发展。

缺乏长效运营机制，造成资源浪费。传统改造类项目多为政府或主体一次性投资建设，忽视后期持续运营。这导致许多项目长期闲置，无法回收成本，造成资源浪费。城市更新是一个持续演进的动态过程，若不考虑“规建治投运维”全流程，缺乏业态策划和运营前置环节，没有建立自我驱动、自我发展的持续模式，将无法实现长期的经济效益、社会效益和环境效益，不利于城市的全面发展。

十全街电动自行车专用立体停车库（陆伟平摄）

十全街步道上的自动清扫机器人（殷启民摄）

共生理念下城市更新的创新视角

城市更新作为建立在特定产权关系的基础上，对空间、权利、利益进行再分配的复杂经济活动，在推动经济发展、优化社会关系、提升文化实力等方面都发挥着关键作用。而共生理念的出现，犹如一股清新的思潮，为城市更新领域带来了全新的视角和创新的思路，开启了城市中不同主体和谐共生与可持续发展的新篇章。相比新建地区，城市更新建立在天然的共生基础生态之上，既有的各类主体通过一系列的相互作用，形成了动态平衡的社会关系和空间特征，而城市更新的过程应当重视既有的共生环境，继承并优化其共生关系，从而形成更稳定的共生模式，推动城市的可持续发展。

新时期，探索共生性城市更新方法，在实践中强化共建、共享、共治的治理思维，不仅是对多元主体极其复杂利益体系和多变现实情况的回应，更是对国家推动治理体系和治理能力现代化战略的响应。

可持续理念

1987 年，世界环境与发展委员会在《我们共同的未来》报告中，首次明确提出了可持续发展（sustainable development）的概念，即“既满足当代人的需求，又不损害后代人满足自身需求的能力的发展”，核心内涵主要包括经济可持续、社会可持续、环境可持续。

本质上，城市更新不仅是物质空间的重塑，还蕴含着社会结构、经济模式与治理理念的深刻变革，更是社会关系的重构和公共利益的再分配。建立城市更新可持续模式还要依赖多元参与、共同缔造的工作机制。理解可持续的城市更新模式，大致可以从经济运转的可持续、内生机制的可持续、空间生长的可持续、以人为核心的可持续四个维度出发。

可持续城市更新的四个维度（项目组供图）

经济运转的可持续，其核心是培育城市更新的自我造血功能，贯彻“投运维”一体化思维，促进经济发展，充分发挥市场机制的作用，激发城市更新的活力与动力。内生机制的可持续，其核心是形成自我生长、具有自主韧性的内生动力机制，让各主体之间实现有机互动。空间生长的可持续，指提升空间的适应性、可变性、包容性，让城市空间有机生长，为承载未来的发展需求留足弹性。以人为核心的可持续，其回归到城市更新的根本，即以人民为中心，人是城市更新的主体，人的可持续发展是城市更新的终极方向。

十全街公共自行车站点（王曦摄）

共生式可持续城市更新

共生理论最初于1879年由德国真菌学家海因里希·安东·德巴里（Heinrich Anton de Bary）在其所研究的生物学领域中提出，城市学者受到启发继而提出，培育“共生城市”自演化成长机制是建设生态城市、促进可持续发展的关键。共生理论逐渐成为指导研究城市可持续发展的重要理论。

聚焦城市更新领域，不难发现，在过去很多不恰当的改造实践中，因为忽视原有共生关系，单方面追求物质空间美化和经济效益，造成原有地区文脉和社会关系等遭到破坏，甚至引发一系列社会矛盾问题。近年来，北京、深圳等城市，形成了“共生院”“城村共生”等模式，这些模式以维系并优化原有的社群关系为基础，创新更新模式，突出治理特征，强调上下联动。城市更新的复杂性和多元性与其天生带有的“共生”属性密切相关，因此有必要通过建立系统性、全过程的共生式可持续城市更新的工作方法和流程，指导并推动具体的更新实践。

在城市更新活动中，复杂多元的人群构成共生单元，不同单元之间形成的动态平衡、相互依存、合作共赢的状态即共生模式。从城市更新角度来看，核心共生单元是“人”。相比新城新区，存量地区例如十全街，最大特点是生活于此的既有人群，他们是土地及物业权属的所有者、城市功能的实现者、既有空间的使用者、地区文脉的传承者及社会网络的承载者。

共生式可持续城市更新是基于以人为本的理念，让主体全过程参与，将物理空间建设与社会治理相结合，以小微公共空间更新撬动综合效益，并带来长效可持续发展的城市更新模式。

从精英思维走向以人民为主

城市更新行动的根本目的是促进城市发展转型、满足人民日益增长的美好生活需要，这就要求强调以人为本的工作理念与方法。一方面，在城市更新过程中，建筑师、规划师应从表达自我的主体转变为服务更新过程的客体，从“我要设计什么”变成“你需要什么”。真正的主体则是代表公共利益的最广大人群，包括社会公众、产权人和政府，他们分别是公共空间的使用者、土地及物业的拥有者、公共资源和秩序的管理者。另一方面，城市更新行动还要统筹更新过程中的其他多元主体的相互关系，包括引入的实施主体、技术专家、财政或金融机构、潜在市场投资者等新主体。这些主体在城市更新的不同阶段扮演着关键角色，共同推动城市更新项目的顺利推进。

从重结果到重过程

为了更好地应对复杂多元的利益诉求，城市更新逐渐从传统的管理向更加多元和包容的治理新模式转型，从关注更新的结果向重视更新的过程转型。城市更新的目的是实现共生主体间的平等互利、合作共赢，更新的成效不是单方面觉得好，而是公众及利益相关者都认可，因此需要开展系统性的制度设计。制度的设计应以过程为导向，注重多方参与和动态协调，建立一个包容、开放的决策体系和可供协商的设计平台，确保政府、市场投资者、产权人等多方利益相关者能平等地对话协商，达成共识，推动城市更新向多元主体共建、共享、共治的方式转型，从而实现共赢的城市治理目标。

从一次性到长效性

城市更新是一个持续演进的动态过程，而非一次性的美化运动，更强调影响的长效性和广泛性。传统改造类项目大多是由政府或其他主体一次性投资和建设的，缺乏对后期持续运营的思考，长期闲置难以回收成本。共生式可持续城市更新的目标不是追求某一阶段的静态结果，而是在自我长期可持续运营的基础上，发挥以点带线、以线串面

喜乐打卡处（俞学友摄）

的触媒作用，不断催生新的经济活动、激发自我生长的动力。“授人以鱼，不如授人以渔”，共生式可持续城市更新更注重“规建治投运维”全流程考虑、业态策划和运营前置的持续造血能力，通过合适的自治机制或运营方式建立能够自我驱动、自我发展的可持续模式，在保障经济效益的同时，更加关注长远的社会效益和环境效益，促进城市的全面发展。

十全街的共生基因

有机生长的功能演变

十全街是一个非常典型的共生样本，这里历史底蕴深厚，有着开放多元的功能演变谱系。早在 11 世纪这里就创建了文庙和府学，18 世纪兴办紫阳书院（今苏州中学），20 世纪创立振华女学校（今苏州第十中学）、东吴大学（今苏州大学），引领苏州千年学风。这里与时俱进、以文化牵引对外交流，新中国成立初期建成的南林饭店、南园宾馆和苏州饭店，使十全街成为苏州开展外事活动和接待外宾的主要街

畅游十全河（贾嘉摄）

区。工艺品、酒吧、玉器、特色餐饮等业态的更替演变，使十全街始终保持年轻化、新鲜度和生命力，具有极强的自我生长性，先后成为国内外游客首选的“工艺品一条街”、“酒吧一条街”、“玉器一条街”和“网红一条街”。

丰富多元的业态构成

十全街有着丰富多元、受年轻人喜爱的业态构成。2000 余米的街道，汇聚了约 600 家商铺，无论是复古杂货铺、小众咖啡店，还是苏式面馆、传统糕团店，甚至是历经 20 余载风雨的老字号，或处于潮流前线的快闪联名店，都能在十全街找到立足之地。这里业态充满活力，始终保持新鲜度和生命力。据统计，超过 62% 的到访游客是 20—30 岁的年轻人，这里已成为年轻人的消费聚集地。

开放包容的社群生态

十全街不仅商业繁华，更是多元文化交融的聚集地。这里汇聚了约 600 家商户，2000 余米的街道两侧居住着来自 5 个社区的 2 万多居民，在苏州大学科技创业园、中核 526 数字文化产业园、苏州规划设计研究院（简称“苏规院”）等商务空间办公的创客商务人群，在苏州中学、苏州市振华中学、苏州大学等百年知名学府求学的莘莘学子，选择在南园宾馆、南林饭店、东吴饭店、苏州饭店下榻旅居的海内外游客，共同构建了一个开放、包容、多元的十全街社群生态，展现了这条街道的独特魅力和活力。

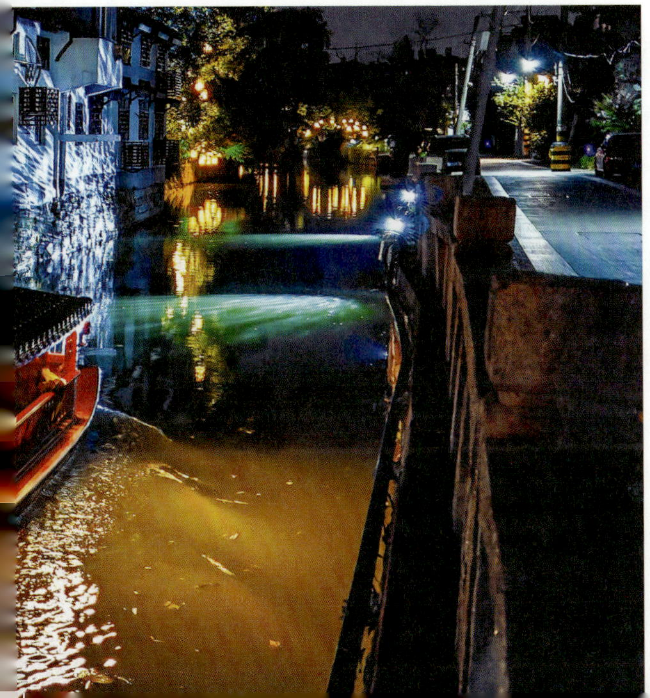

十全街夜色旖旎（马耀明摄）

共生理念下十全街更新实践的创新范式

十全街的更新改造是探索共生式可持续城市更新模式的苏州样板，是在国家存量发展的大背景下，苏州给出的“答案”，可总结归纳为十条经验。

第一条：问计于民，识别核心问题

在十全街更新的前期分析及后续推动过程中，工作组通过实地调研、问卷调查、访谈、召开座谈会等多种形式了解民众诉求，识别核心问题。

工作组开展十全街交通出行专项调查，针对不同人群设置相关问题，主要了解不同人群的出行目的、出行方式、出行时长、出行次数、出行目的地等，并通过大数据得出结果，分析出人群出行规律。

结合苏州国家历史文化名城保护区（简称“保护区”）、姑苏区常态化开展的“社情民意联系日”活动，工作组以十全街沿线涉及的沧浪亭社区、滚绣坊社区、百步街社区、网师巷社区、二郎巷社区等社区为单位，分别召开十全街整治提升征求意见座谈会，使政府单位、设计院代表及社区规划师与该社区的企业负责人、居民、商户面对面地沟通交流，以充分了解大家对十全街整治提升的意见和建议。

双塔街道办事处组织十全街居民、商户、企事业单位代表召开座谈会，主要针对十全街片区交通优化提升方案进行充分讨论，听取各方建议。

针对重要改造节点——十全街与乌鹊桥路交叉口，工作组对其附近的商户、居民进行意愿调查，重点了解相关利益主体对更新的诉求。

十全街一头连着人民路，一头通往葑门，沿途串联起了网师园、沧浪亭两处世界文化遗产。两侧的街巷里弄是地道的苏州市井，主街则被年轻人占据，成为展现姑苏“年轻力”的窗口。十全街也因此产生了颇多问题，例如人车交通出行存在矛盾、步行不安全、开放空间不足等，主要可归结为以下五大方面。

十全街交通出行专项调查

十全街与乌鹊桥路交叉口附近商户、居民意愿调查（项目组供图）

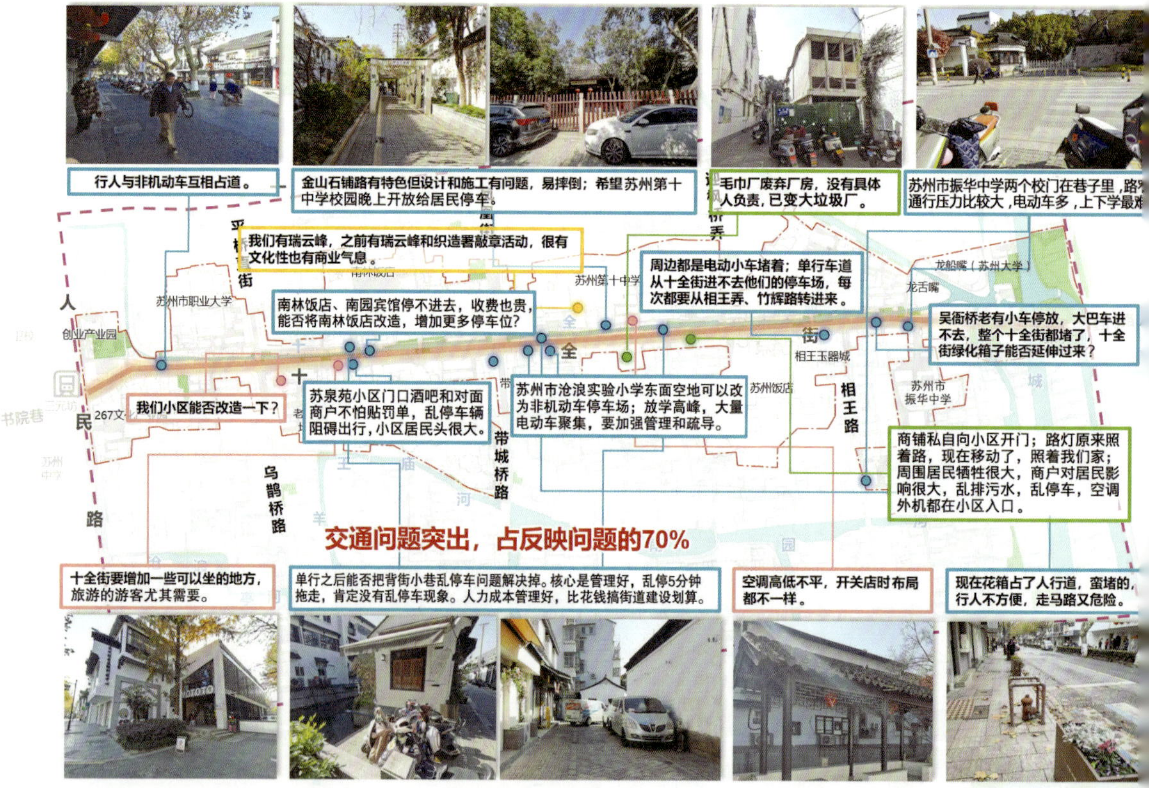

十全街民意调查发现主要问题点位图（项目组供图）

步行环境欠佳

十全街更新前步行环境欠佳，存在人行道宽度过于狭窄、铺装质量较差、被设施占用和行人与非机动车混行严重等问题。具体而言：十全街北侧人行道宽度均在 2.5 米以上，步行宽度较为合适，南侧存在 8 处人行道宽度不足 1.5 米的点位，局部宽度甚至不足 0.3 米；部分人行道存在凹凸不平及铺装破损的情况；人行道部分被电箱、电话亭、花箱等设施占用；非机动车停放挤占人行道与盲道，非机动车与行人流线交织，存在较大的安全隐患。上述问题导致十全街步行空间的连续性被打断、步行的安全性受到影响，整体步行环境体验欠佳。

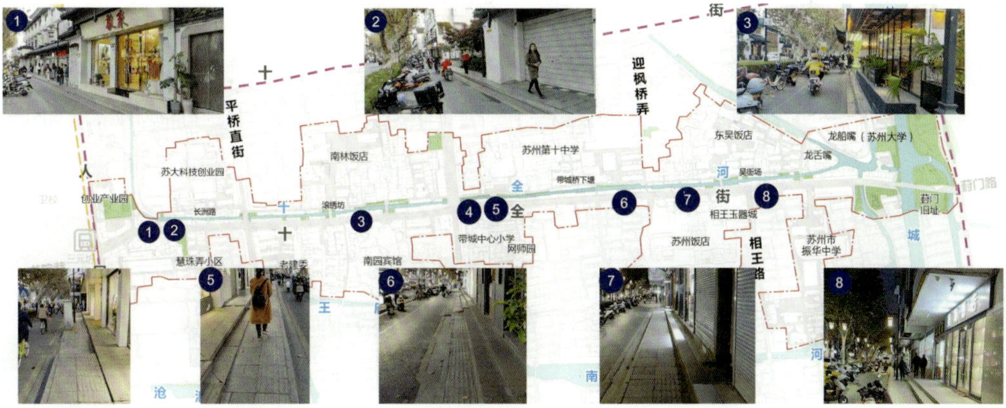

十全街更新前步行环境典型问题点位（项目组供图）

开放空间不足

十全街更新前开放空间总体较为缺乏，使得商户、游客和周边居民难以开展各类公共活动。对于十全街的沿街商户和游客而言，开放空间是商户举办商业活动、游客停歇和等待排队的空间。由于开放空间缺乏，仅有开放空间又未能得到高效利用，甚至被非机动车停车占用，因此沿街商户缺乏举办商业活动的场地，店铺门口也难以为游客提供停歇和排队区域，进而导致客流高峰时段（集中于下午茶至晚餐时间）经常出现人群拥挤、无序排队的情况；对于周边居民而言，开放空间的不足导致他们长期缺乏休憩场地，日常活动较为不便。

十全街开放空间时常拥挤（项目组供图）

水街特色不显

十全街拥有丰富的古桥、古树、园林、学府等历史文化资源，加上多元的商业业态和众多的网红餐饮，使其成为苏州古城中最受年轻人欢迎的街道之一。但过度的商业化、网红化却使得十全街“两街夹一河”的传统河街格局未能得到充分彰显。具体而言：十全河沿线的 14 座桥“桥文化”特质明显，但桥头空间多以景观绿植为主，缺乏场地标识性，进而导致桥头空间品质不佳；与此同时，桥头空间涉及的公共开放区域多杂乱无序，缺乏基本的景观功能，成为消极空间，影响十全街的整体文化风貌。

街道风貌不佳

十全街更新前两侧建筑立面及店招总体上质量较好，呈现传统苏式风格与现代多元风格的交融，但路灯、垃圾箱、变电箱等各类设施分布无序，占用空间，影响步行安全和舒适度，也影响街区空间整洁，显得较为杂乱。各类公共配套设施造型多样，缺乏整体性和标志性，且部分设施破损严重，亟待更换，街道整体风貌有待优化。

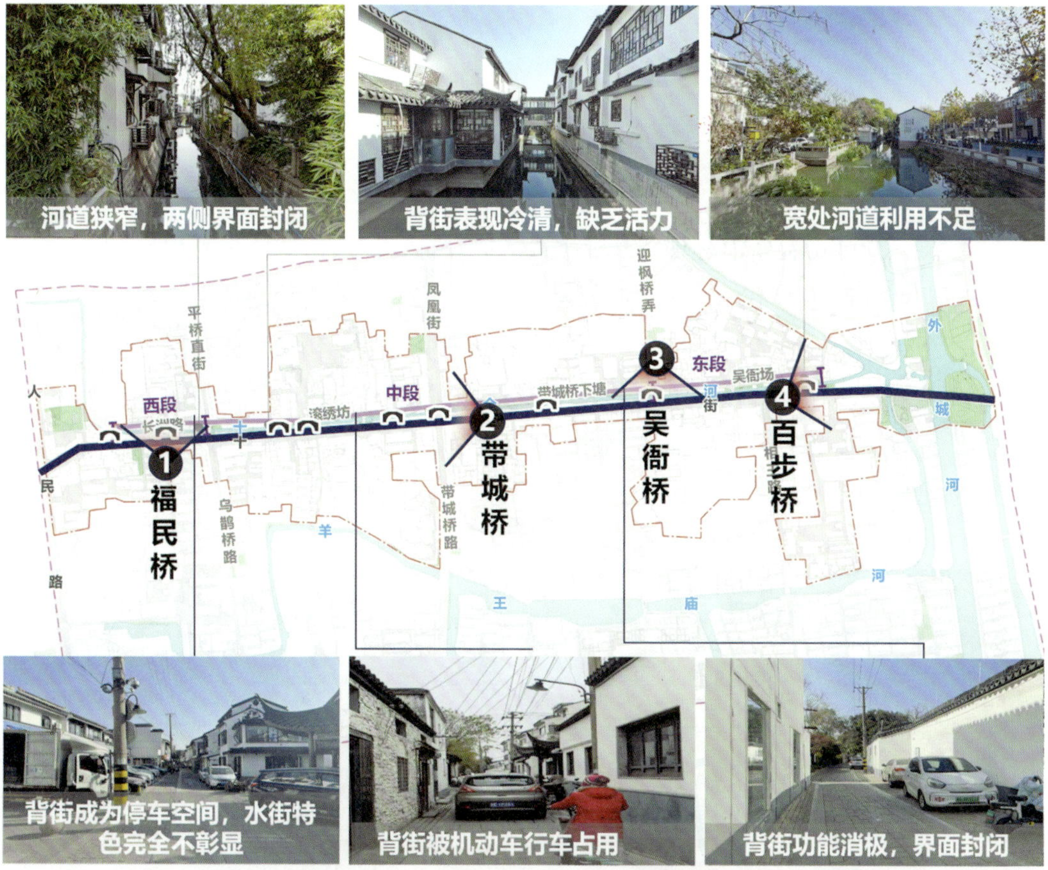

十全街水街特色不足（项目组供图）

十全街街道设施过多且杂乱（项目组供图）

资源利用不够

十全街更新前呈现“外热内冷”的特征，周边空间资源利用不足，背街沿线活力不足。外部主街人气很旺，但南北向延伸的背街小巷、单位大院等地块活力不足。主街沿线的低效资源主要包括江苏嘉玖信息科技有限公司、苏州市工程造价管理处、原燕家巷小学、苏州饭店等；内部背街沿线（例如长洲路—滚绣坊—带城桥下塘—吴衙场）业态则较为零散，须重点提升。

十全街沿线闲置资源分布（项目组供图）

第二条：共同缔造，搭建四方机制

首先，十全街在街道更新改造的推进过程中，在工作组织与方法上也进行了创新探索。坚持“政府管基本、市场做提升”，建立了四方统筹的工作组织机制，由市区两级政府部门、国企平台、专家团队联合成立十全街综合整治提升工作专班（简称“专班”），联动商户居民、撬动社会资源，投入街道建设，引导社会力量参与更新过程、维护更新成果，发挥政府引领、社会参与、自主更新的协同效应。

其次，形成四级把控的设计管控制度。总规划师（简称“总师”）和技术专家组作为技术总把控和总控团队提供伴随式技术咨询，统筹协调多专业设计团队，引导商户设计达人、社区意见代表参与公众设计环节，形成“规划设计—工程施工—多元治理”的全过程把控。

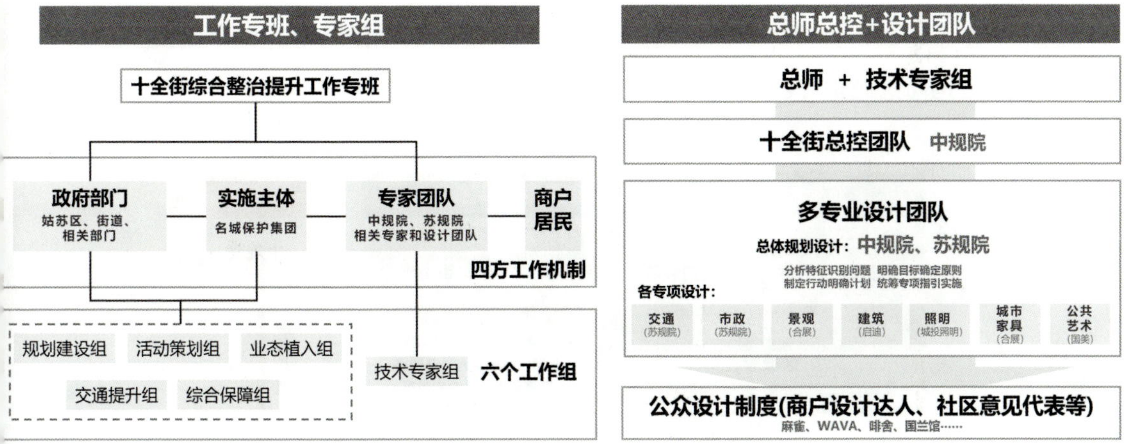

四方统筹的工作机制和四级把控的设计管控制度（项目组供图）

工作专班组织

项目从谋划到规划到设计实施，都离不开从项目伊始就建立的高度统一的工作专班组织。专班联合市、区两级政府、国企平台、技术专家，筑牢市、区两级“共同战壕”，由姑苏区区长任专班主任；市、区等部门领导任专班副主任；姑苏区副区长任执行副主任；区、街道专家等为其成员，旨在强化组织保障、凝聚工作合力，建立健全专班工作机制，配强配足人员力量。

专班下设6个工作组，包括规划建设组、活动策划组、业态植入组、交通提升组、综合保障组、技术专家组。其中，规划建设组负责整体方案的研究设计和建设实施，确保十全街古城人居环境和空间品质综合提升项目的顺利推进、按时完成。活动策划组负责十全街运营策划、故事脚本的设计和执行，提升十全街文旅体验的趣味性。业态植入组负责活化利用相关资产，通过引入昆曲、评弹主题客栈等方式打造体验型消费场所。交通提升组负责十全街及周边区域的交通规划研究，通过打通片区交通微循环优化片区交通。综合保障组负责配合做好综合协调和联络工作，跟踪各责任单位任务清单的落实情况。技术专家组由各行业技术专家组成，负责对十全街及周边片区保护更新活动提供全过程专业技术咨询与实施指导。

十全街综合整治提升工作专班架构（项目组供图）

专班为确保高效联动、高效协调，实施“四专机制”：专班统筹协调各项工作、各部门明确专人负责联络、专班每周印发专项简报、遇事召开专题会议快速研究解决。在规划设计阶段，专班召开专班例会、专班分组专题会、工作协调会、项目推进会、居民商户座谈会等众多工作会议，同时通过联动姑苏区“社情民意联系日”等活动、动员社区规划师等多方力量，以现场考察、现场设计等方式，联合推进工作。在施工阶段，专班通过多次召开协调会，对实施过程中的诸如空调排水管、花箱车挡摆放、城市家具、驳岸线缆、过河管线等细节问题进行深入讨论，并积极推进，通过果断决策，高效解决各种问题。

总师总控机制

首先，十全街更新改造中创新搭建了总师总控机制，强化设计统筹。由总师总控、领衔组织技术专家组、联合总控服务团队，对片区更新提升整体方案、各类专项设计与实施方案进行总体把关，发挥好上下沟通、水平统筹的平台作用；对片区更新提升整体方案及涉及的交通、市政、景观、照明等各类专项设计与实施方案进行总体把关。

其次，建立“总师＋技术专家组、十全街总控团队、多专业设计团队、公众设计”四级把控的设计管控制度，为城市更新中发挥城市设计统筹创建了一个可复制的机制。

以总师及技术专家组作为技术总把控，总控团队（中国城市规划设计研究院）作为技术支撑，统筹协调各专业设计团队，引导商户设计达人、社区意见代表开展公众设计。总师由行业领军专家中国城市规划设计研究院（简称“中规院”）副院长邓东担任，负责全过程规划设计与实施指导；技术专家组由各行业技术专家组成，为更新改造的关键环节提供专家咨询意见；总控团队隶属总师管理，提供全专业、全要素、全过程长期伴随式技术咨询服务；交通、市政、景观、建筑、照明、城市家具、公共艺术等专项领域则由各专业设计团队负责；公众设计指让商户设计达人、社区意见代表等参与公众设计环节。

总师与总控团队现场开展节点设计（项目组供图）

邓东总师在吴衙桥现场设计的草图（项目组供图）

多方参与平台

十全街项目组创新搭建了共生式公众沟通协商平台，引导群众共识、共设、共建，实现共同缔造。通过促进多方主体共同商议决策，识别需要凝聚共识的问题，明确共识性改造方向，达成共识性更新方案。

项目组通过线上线下多种渠道向居民、商家、游客派发问卷，实地勘探调研，达成对十全街步行环境差、缺少停留空间等问题的整改共识；针对居民对十全街改造更新影响日常生活与出行的担心，不定期组织“社情民意联系日”活动、居民座谈专题会、工程协调会、共同缔造现场会等，开展入户调查、座谈会 26 次，倾听居民诉求，以此为依据制定更新改造方案；成立十全街商户联盟，协调政府、街道社区、实施主体、设计单位、商户、居民、企事业单位等多主体共同商议，在数次争锋中逐渐凝聚“步行化”共识。

第三条：规划领衔，统合专项设计

街道更新是一项涉及多专业、多团队的综合性改造提升工程，十全街更新改造前，项目组编制了《十全街片区综合更新提升工程规划设计》（简称“更新规划”），为整体更新工作把脉问诊。在更新规划的指引下，开展交通专项、市政专项、景观专项、建筑专项、照明专项、城市家具专项六大专项设计，在总控的统筹之下，系统推进整个工程，最终将之落地实施。

一个更新规划

更新规划强调问题导向和问计于民，在对民生问题进行精准识别的基础上，坚持以历史文化保护为前提，深入挖掘历史文化内涵，进而提出本次总体提升目标是全力打造以人为本的，更具底蕴、更具特色、更具人气的古城示范街区，坚持以人民为中心的发展思想，加强历史文化遗产保护，积极创建保护利用机制，以更大力度推动环境提升、功能完善、业态升级。

十全街夜色（冉懋武摄）

围绕总体提升目标，更新规划明确采用轻扰动模式改善街道环境，推动以人为本的古城街道自主更新，提出四大工作原则：步行化，人为先，坚持步行空间不断增加，使行人体验感提升；重保护，促传承，针对历史文化街道，做好历史文化的保护与传承；搭舞台，做支撑，顺应自发性，调动主动性，强调街道居民全过程参与；轻扰动，稳推动，努力做到无感操作，避免小病大医。

在此基础上，更新规划细化工作重点，提出了“空间清理、减法为先”“步行优先、以人为本”“开放空间、集聚人气”“活力促进、从线到面”“场景展示、古韵新潮”“创新机制、共同缔造”六大行动计划，指导交通专项、市政专项、景观专项、建筑专项、照明专项、城市家具专项六大专项设计。

多个专项设计

（1）交通专项

交通专项针对“打造以人为本的共享街道”目标，对不同道路使用者采取差别化的交通引导：面向旅游人群打造快旅慢游，集约、绿色、快速到达片区，内部享受高品质、特色化慢游体验；面向工作人群打造公共交通与步行、非机动车接驳的便捷性和舒适性，到发交通集散有序的体验；面向居住人群打造稳宁友好，慢行安全、高可达性，到发交通集散有序，居住环境宁静雅致的体验。

优化交通方案，提升交通品质，包括停车布局方案、公交配套优化方案、交通指示指引方案等。例如，联合苏州公交集团，开辟9898路“十全十美”专线，推出“蘇小宝”咖啡观光巴士、“音乐巴士”和“蹦迪公交车”等公交系列，市民游客招手即停，可免费乘坐，穿行在十全街特有的美景风情之间，共享魔幻的公交音乐空间。在乌鹊桥和十全街交叉口新增具有十全街特色的斑马线，使之成为网红打卡点。

优化交通方案，一是全盘考虑周边地块，结合闲置地块，更新、建设非机动车路外停车场，如结合慧苑小游园、带城桥弄东小游园更新工作，融合建设非机动车泊位与公园绿地，在满足非机动车停车需求的同时，提升主街景观与市民出行便利；二是利用相交街巷增设路内非机动车泊位，确保主线交通需求；三是开放沿线商办、企事业单位停车资源；四是局部保留主街不影响步行空间的非机动车泊位。

拓宽后的步行空间（郭陈斐摄）

优化断面方案，增加步行空间。以南侧绿化隔离带为固定锚点，拓展步行空间，增加人群停驻空间。从局部宽度不足 0.3 米，拓宽到整体 7 至 8 米，实现主街步行空间最大化，并持续优化背街慢行空间。

（2）市政专项

市政专项设计以更好地体现十全街人居环境和空间品质的综合提升、市民行车的舒适性及安全性、行人出行的沉浸感为主要目标，包括人行道井盖更新，乌鹊桥、带城桥改造，交叉口信号灯监控更新，交通疏解，架空线入地等施工内容。

路面设计突出文化特色。人行道铺装以灰色调为主，结合苏式花窗纹样，呈现苏州街道的特色。沿线 2000 余米中重要的景点位置，铺设有专属十全街的地图地雕，地雕不仅展现了整条街道的历史风貌与人文，更增加了 citywalk 的趣味性。人行道新增 9 处具有历史性建筑特色及讲述传说故事的艺术井盖，将十全街周边传说、历史及文物，挖掘好、讲述好、展示好、传承好，从而增强行人沉浸式打卡兴趣，并更好地向行人介绍历史古迹。车行道井盖采用海棠花纹饰，映衬“十全街”字样，增强街区的统一性。同时，为形态各异的梧桐树也设计了专属的盖板，露骨料透水砼结合不锈钢材质的镂空盖板，既能满足梧桐树生存需求，又能美化周边环境，防止泥土裸露和被人为破坏，保护树木的生存环境。

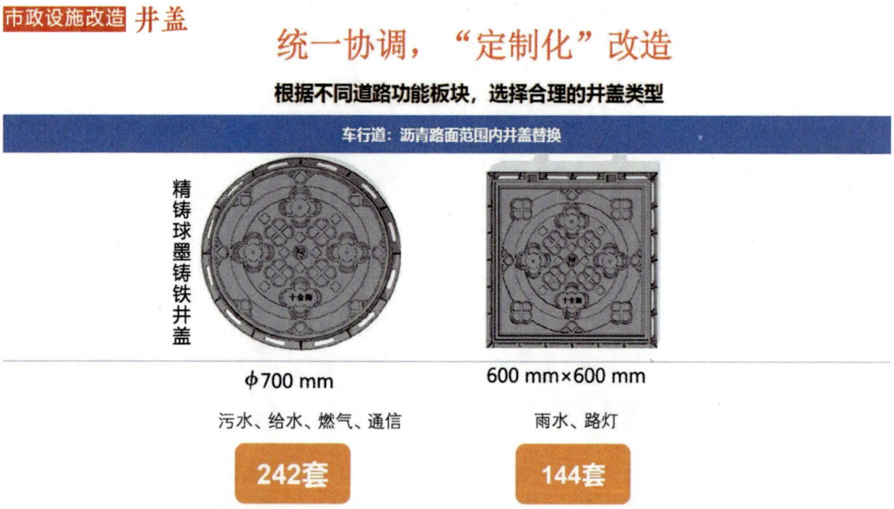

十全街井盖“定制化”改造设计（项目组供图）

在十全街的综合改造中，架空线入地是一项重要的举措，其核心目标是改善市容市貌、消除安全隐患，同时优化街区的整体环境。架空线入地的核心目标是消除“蜘蛛网”现象，尤其是在十全街的背街小巷中，长期存在电力线、通信线等架空线路杂乱无章的现象，这不仅影响了街道的美观，也带来了潜在的安全隐患。对这些线路进行彻底清理和规划，能彻底消除电线杆和架空线杂乱现象，使街区呈现出更加整洁、清爽的面貌。

（3）景观专项

景观专项针对街道的点、线、面空间提出精、细、巧、雅的提升改造策略，促进街区景观整体焕新，从而打造一幅“有心游街、无意入画”的“十全繁华新卷图”；对街道空间先减再优，精简、清理不合理的景观要素和空间，在此基础上，补充驻足场所，对节点空间进行精细化设计，结合场地尺度、周边业态功能、相邻店招界面，做整体化考虑，提升街道的整体趣味性和宜人性，激发街道活力。

桥堍作为桥梁与城市连接的重要地带，是一个值得打造的景观空间。十全街对 11 个桥堍绿地进行设计提升，使这些区域从交通节点转变为休闲绿地。例如，在帝赐莲桥桥堍设置了绿色植物区域，并配有石质坐凳供游客休憩，此外，桥堍两侧的建筑墙面还绘制了苏式水墨画，具有浓厚的地方文化特色和苏式韵味。

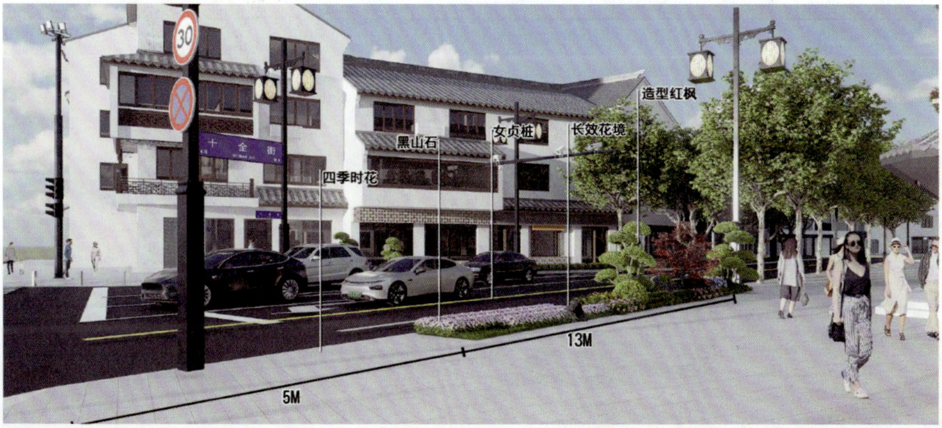

人民路路口花境设计（项目组供图）

在城市街区中，道路两侧的景观设计常常是行人的视觉焦点。十全街对路侧空间进行提升设计，并结合绿植、坐凳、景观雕塑等元素，打造了具有特色的休闲空间。例如，在乌鹊桥路口西北角增设了具有地方特色的“乌鹊红坐凳”，并在东南角安置了电子显示屏，使得整个街区的活力与现代感得以提升。

十全广场从原先的停车场改建为露天广场，采用与人行道一体化的铺装设计，增设了景观花坛和座椅，为市民提供了一个可以休闲、聚会的开放空间。麻雀咖啡广场则采用商户共建的设计理念，积极听取商户意见，进行了细致入微的提升设计，使之成为一个潜力十足的打卡点，为游客提供了更多拍照的机会。

乌鹊桥路口西北角空间设计（项目组供图）

十全广场改造设计（项目组供图）

（4）建筑专项

建筑专项以控制整体风格、延续苏式风貌、提升建筑品质为主。十全街在进行建筑优化时以现代风格为主，同时融入苏式传统的建筑文化元素，尊重并保留原有建筑特色，实现新旧融合。建筑色彩以中明度、低彩度为基调，以白色系为主调，辅以灰色及少量木色，打造简洁、典雅的风格。

十全街针对立面较好路段做局部重要节点更新，打造出彩点；针对立面较差路段做整体优化，使风貌统一；针对背街水巷立面进行梳理和修缮。建筑更新时鼓励店家自主更新，主动参与城市更新，确保更新计划符合居民、商户、游客的需求和期望；采用环保材料和技术，减少城市更新过程中的资源浪费和环境污染。

建筑更新的关键在于新旧融合，既要尊重历史遗存，又要提升建筑的品质和现代感。十全街的建筑以现代风格为主，但在设计中融入了苏式传统的建筑文化元素，确保传统和现代的完美结合。在保护与优化原有建筑元素时，十全街避免“面目全非”的改造，突出历史建筑的文化脉络。

十全街夜景（殷启民摄）

苏泉苑小区门口（查巧萍摄）

建筑色彩设计总体遵循“简洁、典雅”的原则，尽可能保留传统的江南色调，同时兼顾现代简约风格的需求。这种色彩搭配既符合传统的街区景观，也符合现代都市环境的审美需求。在建筑细节处理上，十全街重点突出了建筑的层次感与文化内涵，如通过精致的装饰元素、立面细部的修缮和功能性设施的优化，使建筑既具实用性又富有艺术感。

（5）照明专项

照明专项的主题为“寻梦江南夜，最美十全街”，巧妙融合古典与现代元素。主街道灯光设计秉承统一而和谐的美学理念，采用淡雅脱俗、素净温婉的光色基调，展现街区浓厚的历史韵味与文化底蕴。

为了完善西段已有的灯光设施，并提升东段（织造桥—带城桥）建筑的立面亮度，十全街整体延续西段的设计手法：对十全河沿线的桥梁驳岸实施全面的照明升级，在驳岸上间隔设置可变色的 LED 灯具，打造出一条连续的滨河景观带，在柔和而雅致的灯光映照下，营造出小桥流水、粉墙黛瓦的苏州水乡风情，生动展现苏州“水陆并行、河街相邻”的传统风貌；对于主要河道及其桥梁，如吴衙桥，增设图案投影等照明设施，以现代技术诠释古典意象，满足年轻一代的审美需求，赋予滨河区域新的活力。

行道树的照明设计以装饰性灯光为主，通过精心布置，既增强了夜间行道的视觉美感，又渲染了街区的商业氛围。这样不仅满足了行人和车辆的基本照明需求，还通过灯光的层次感和装饰性，提升了街区的夜间经济活力，尤其是商业氛围得到了极大的增强。

在十全街的一些街角位置，增设了创意投影照明设计，这一设计将文化元素巧妙融入街角建筑。例如，在街角建筑的墙面上投影出具有地方特色的文化图案，或是历史事件的剪影，借助灯光的流动与变化，重构街区文化记忆。这种设计不仅增添了夜晚的趣味性，也吸引了不少游客和市民驻足观赏，成为街区独特的“文化名片”，加深了人们对这条街道的了解和印象。

行道树装饰照明（项目组供图）

街角投影墙照明设计（项目组供图）

十全街在一些特色区域（小亭子、公园或广场等），增设了文化特色表演性灯光，这种灯光设计结合了投影与音乐，将动态的灯光效果和音乐相结合，营造出 种梦幻的氛围，吸引游客驻足欣赏。这种富有艺术感的灯光秀，既是一种视觉的盛宴，又带有浓厚的娱乐性和互动性，成为游客拍照打卡、进行社交分享的重要场所。

照明设计是十全街夜景的亮点之一。十全广场建筑顶部增设激光灯，地面的光束灯和投影灯与之呼应，这一设计打破了传统的照明模式，为十全街打造了一个地标。十全广场的灯光设计不仅为市民和游客提供了夜间广阔的休闲和娱乐空间，还使得十全广场成为十全街的视觉焦点，吸引着大量的夜间游客和摄影爱好者。

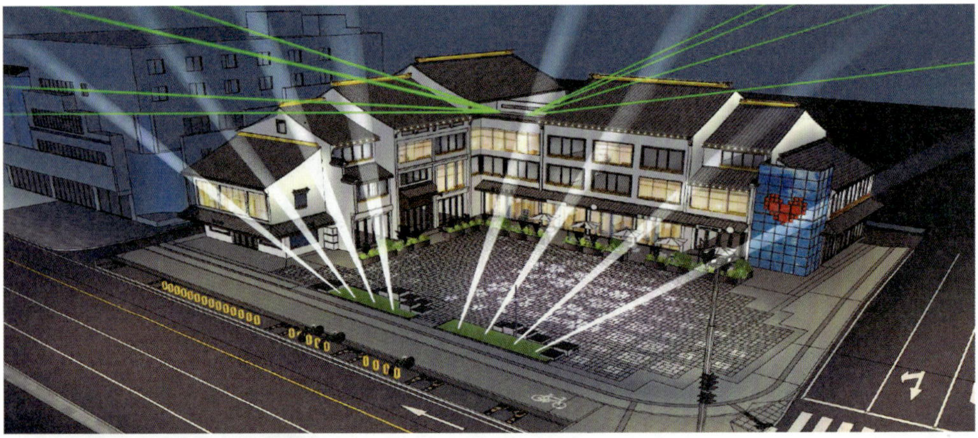

十全广场激光灯设计（项目组供图）

（6）城市家具专项

城市家具专项以“姑苏味道”为核心，力求在传统江南文化与现代年轻城市气质之间找到平衡点。在这片充满历史底蕴的街区中，城市家具设计力图将姑苏特有的风貌与年轻、个性的元素有机结合，打造出既满足实用需求又富有文化内涵的城市家具。这些家具不仅在功能性上满足市民和游客的需求，还通过巧妙的设计与景观融合，展现出十全街独有的特色和魅力。

特色座椅是十全街城市家具设计中的重要组成部分。为了突出姑苏文化的独特韵味，座椅的设计借鉴了苏式园林的元素，座椅的线条柔和流畅，表面采用木质和金属材料，两者的结合，呈现出传统与现代的双重美感。此外，部分座椅采用简洁的几何体设计，使其既符合现代人的审美需求，又能与街区的历史氛围相协调。座椅的色彩和材质选择也体现了十全街的文化特色，如深褐色木材、浅灰色金属等，既优雅又不过于张扬，与周围景观相得益彰。

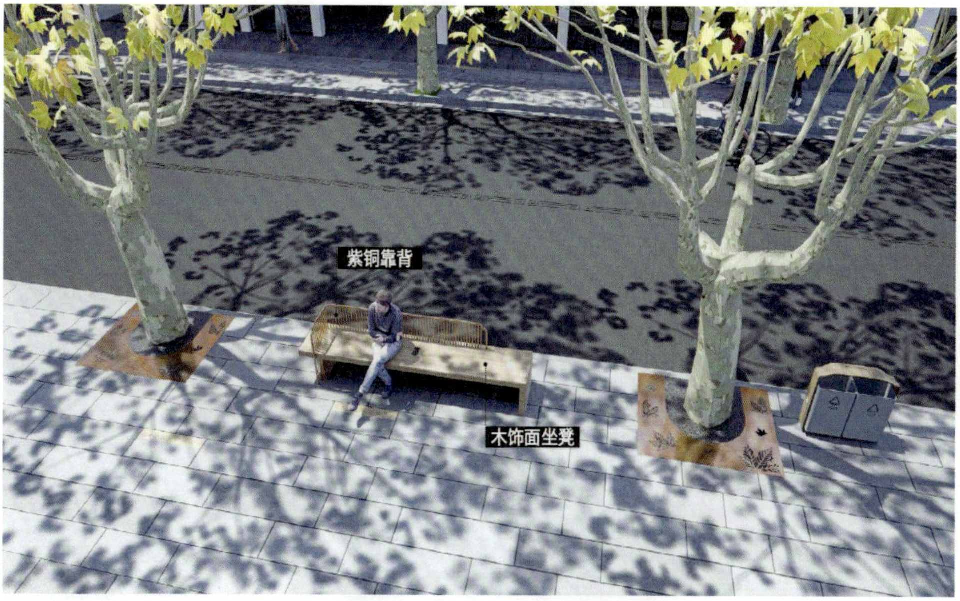

特色座椅设计（项目组供图）

导视牌和信息牌的设计着眼于实用性和易识别性，同时也融入了传统文化元素。信息牌的设计灵感来源于江南传统书法艺术和园林风格，字体优雅且简洁，既能传递清晰的信息，又不破坏街道的整体美感。在形式上，导视牌和信息牌的设计简洁大方，选用高品质的金属和木材，以确保耐用性和视觉效果。部分信息牌还设计了浮雕效果或图案投影，增加了文化内涵，突出了十全街的历史背景和地域特色。

城市家具设计　导视牌、信息牌

取苏式家具典雅大方之美，体块穿插简洁，颜色取自仇英画作中的青绿山水，兼顾历史厚重感和城市时尚度。

仇英《桃源仙境图》（局部）

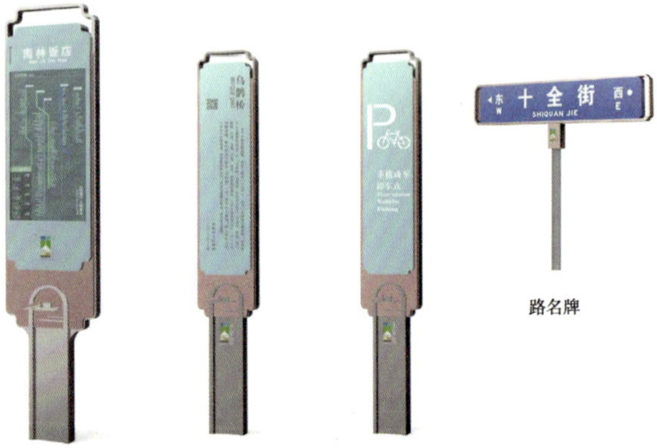

公交站牌 / 宣传牌　景点信息牌　停车引导牌　路名牌

导视牌与信息牌设计（项目组供图）

十全街的电箱设施美化是城市家具设计中的另一重要组成部分。为了避免传统电箱设施对街道景观的破坏，设计团队对电箱进行了创意美化设计。一些电箱被金属外罩遮蔽，其外观灵感来源于苏作屏风的传统造型，既具有防护作用，又能够与街道的整体风格协调融合。有些电箱则被精心装饰，设计图案灵感来自苏州的园林景观或传统文化元素，这些设计进一步增强了街区的文化氛围。

城市家具设计　电箱美化

电箱金属外罩采用苏作屏风式设计，绿化带中的用灰色，建筑边的用白色，风格与临顿路统一。

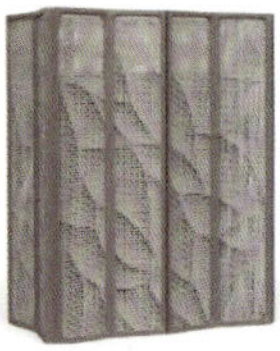

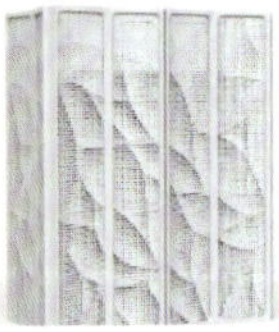

主路附近，多个箱体用金属外罩遮蔽

电箱美化设计（项目组供图）

消防栓美化是城市家具设计中不容忽视的组成部分，设计团队对消防栓进行了小范围的涂饰，并融入了本地文化特色。例如，龙年的“龙行龘龘”图案被巧妙地编入寻字打卡游戏，既增加了装饰效果，也为市民和游客提供了趣味性和互动性。通过这种创新设计，消防栓不再只是单纯的功能设施，而是成为街道的一部分，为街道增添了更多的文化底蕴和趣味性。

城市家具设计 消防栓

小范围涂饰。从顾野王《玉篇》中，摘录特色文字，小范围涂饰在消防栓上。如龙年的“龙行龘龘”，可编入寻字打卡游戏。

涂饰示例

消防栓美化设计（项目组供图）

第四条：步行优先，重置路权

回归人本步行需求

在北京王府井大街、伦敦牛津街等国内外知名历史街区、商业街道的发展中可以发现，步行的空间和行人的路权与历史城区的商业活力能级正相关。十全街商业活力日益凸显，但是步行空间较狭窄、行人路权难保障，难以和其活力能级相匹配。

为精准把握十全街人群的交通出行特征，项目组开展了详尽的调查，通过问卷调查、数据采集、现场访谈等多种方式获取多源数据，对十全街交通特征开展精细化调研分析。前期工作主要包括交通出行特征问卷调查，机动车交通量调查，非机动车、人流量调查等，为方案制定、项目开展奠定了坚实的基础。

十全街交通出行问卷调查示意图（项目组供图）

2023 年 12 月下旬，项目组通过网上调查与现场问卷相结合的方式，针对十全街沿线企业职员、商户、居民、游客及学生等不同对象的交通出行特征开展了精细化的问卷调研。在交通出行特征调查问卷结果基础上，项目组结合多部门调研数据、现场调查数据，以及互联网数据等，基于苏州市综合交通模型、古城综合交通大数据决策平台等开展模型构建与大数据分析，对十全街交通需求特征，道路交通运行、公共交通客流特征，非机动车交通特征，静态交通特征，交通管理特征等开展了全面的评估与分析。

在人流交流出行特征方面，十全街在工作日和周末呈现出不同的人流分布特点。据苏州古城综合交通大数据决策平台分析，十全街工作日人流分布具有明显的早晚高峰，呈现明显的通勤出行特征，可见十全街的活力不仅来自娱乐休闲出行人群，更来自周边的通勤人群。而周末出行高峰和工作日明显不同，高峰期持续至夜间 9：00—10：00，呈现明显的商业街区特征。

在交通出行方式方面，轨道交通、步行是十全街人群的主要出行方式。受访者中使用轨道交通、步行出行方式者占比最高：到达方式中，两种出行方式分别占比 32.9%、28.1%；离开方式中两者分别占比 32.9%、23.2%，小车、网约车占比均在 15% 以下。

在道路交通运行方面，十全街高峰期间整体运行平稳。工作日期间平均行程车速大于 15 千米/时，

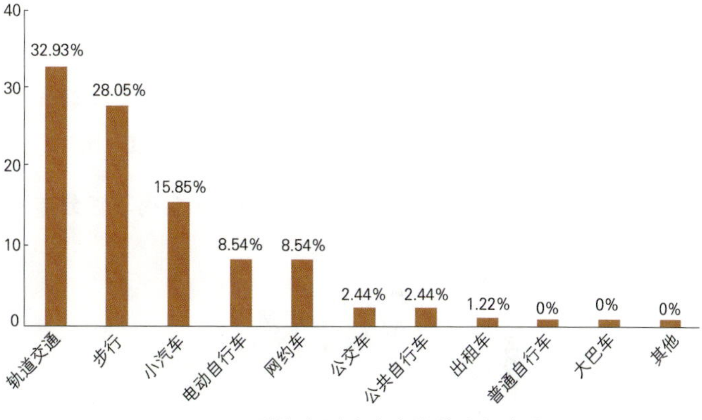

受访者到达十全街的出行方式

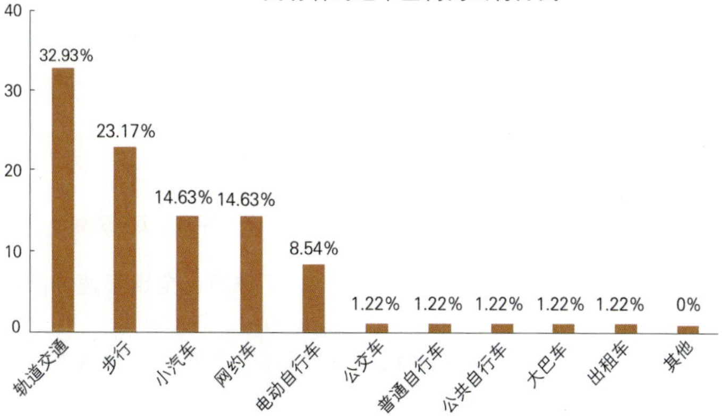

受访者预计离开十全街的出行方式

数据来源：十全街交通出行特征调查

十全街出行方式分布图（项目组供图）

周末 15:00—16:00 之间车速较低，双向平均车速约 13.3 千米 / 时，比工作日高峰期间略慢。

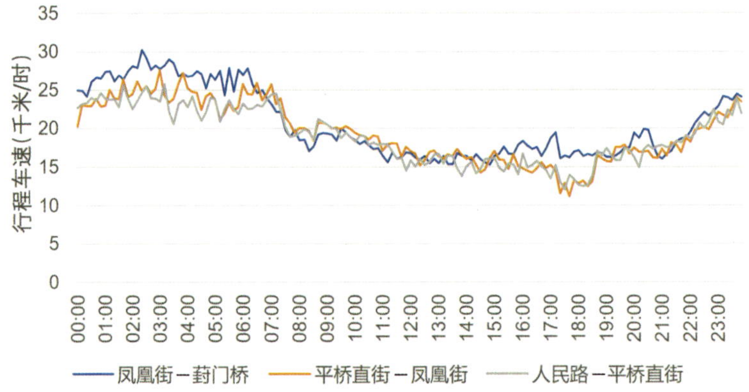

周末十全街车速分布图

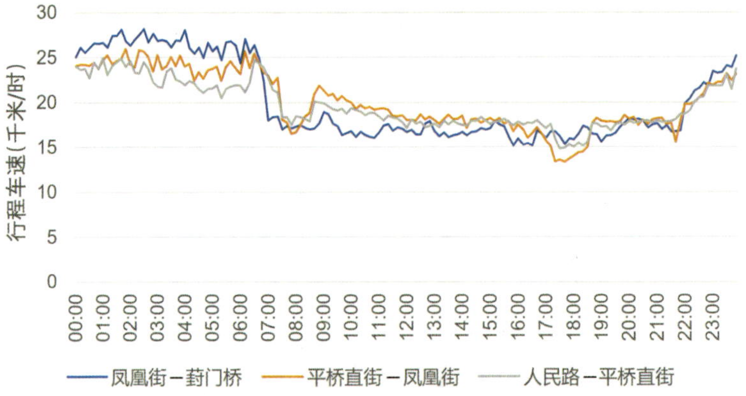

工作日十全街车速分布图

数据来源：苏州古城综合交通大数据决策平台，互联网地图位置数据

十全街车速分布图（项目组供图）

在交通流量方面，十全街沿线工作日高峰期间机动车流量相对较小，早晚高峰饱和度不高，出城方向流量高于入城；在慢行交通方面，工作日流量以非机动车为主，凤凰街—迎枫桥弄段非机动车流量最大，约 2100 辆 / 时，周末行人流量显著提升，行人流量主要集中在凤凰街以西段，其中乌鹊桥路—带城桥路段最大，约 1600 人 / 时。

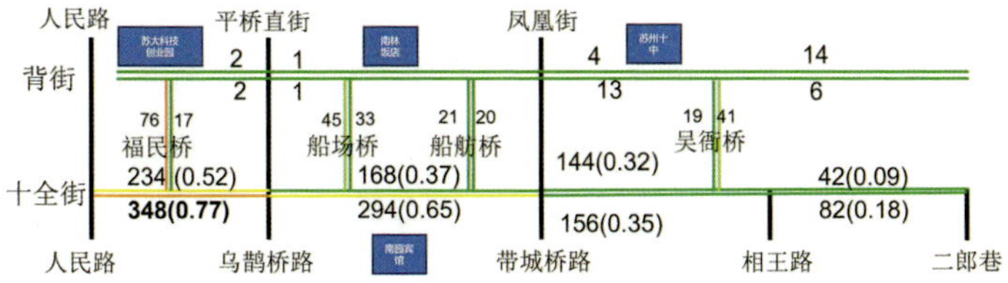

十全街更新前工作日晚高峰机动车流量分布图

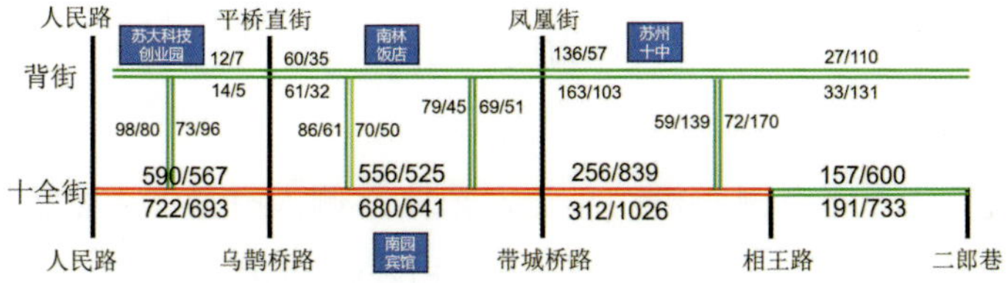

十全街更新前工作日晚高峰慢行流量分布图

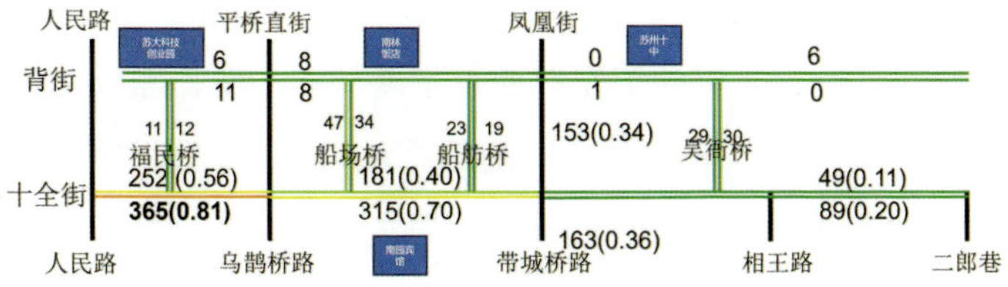

十全街更新前周六高峰机动车流量分布图

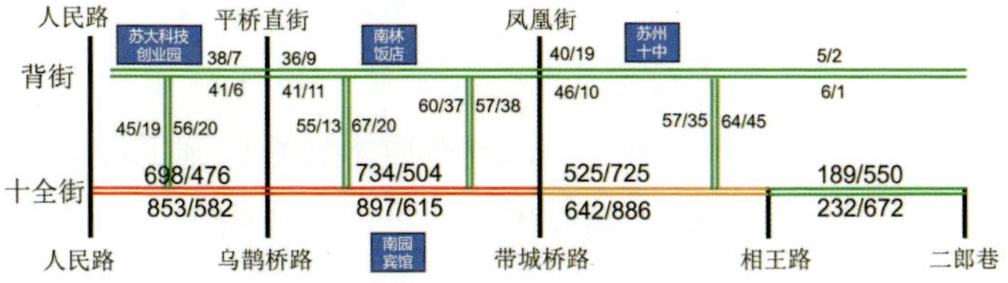

十全街更新前周六高峰慢行流量分布图

十全街更新前高峰流量分布图（项目组供图）

道路断面改造

十全街道路断面优化坚持“以人为本”的理念，以“步行优先”为核心，拓宽人行道，解决街道步行空间的基本安全问题。项目组综合考虑机动车、非机动车、步行行人通行需求，基于现状，提出三套道路断面优化方案。

方案一是取消南侧非机动车道，拓宽南侧人行道至绿化隔离带：十全街主线宽 20 米 = 北侧 2.5 米人行道 +9 米车行道 +1.5 米绿化隔离带 + 南侧 7 米人行道。从工程改造方面分析，改造成本较低，施工周期较短，对沿线影响较小。从交通影响方面分析，一是南侧步行空间整体大幅度拓宽，步行空间品质明显提升；二是车行道设置成双侧机动车与非机动车混行，非机动车通行空间被压缩，高峰期间干扰较大，存在安全隐患，须加大管理力度；三是北侧人行道宽度维持现状，步行空间未增加。

方案二是压缩南侧非机动车道，拓宽南侧人行道：十全街主线宽 20 米 = 北侧 2.5 米人行道 +9 米车行道 +1.5 米绿化隔离带 +2.5 米非机动车道 + 南侧 4.5 米人行道。从工程改造方面分析，改造成本较低，施工周期较短，对沿线影响较小。从交通影响方面分析，一是南侧保留 2.5 米宽非机动车道，非机动车原有通行宽度基本不变，非机动车通行空间、路权保障度最高；二是南侧人行道加宽 1.5 米，步行品质有所提升，但局部通行宽度仍不足 2 米；三是北侧人行道宽度维持现状，步行空间未增加。

方案三是局部压缩车行道，同步拓宽南、北两侧人行道。十全街主线宽 20 米 = 北侧 3.5 米人行道 +8 米车行道 +1.5 米绿化隔离带 + 南侧 7 米人行道。从工程改造方面分析，改造成本较高，施工周期较长、对沿线影响较大。从交通影响方面分析，一是南、北两侧人行道均拓宽，步行品质提升效果最佳；二是车行道设置成双侧机动车与非机动车混行，非机动车通行空间进一步减少，高峰期间机动车与非机动车干扰度最高，安全保障度较低，须进一步加大管理力度。

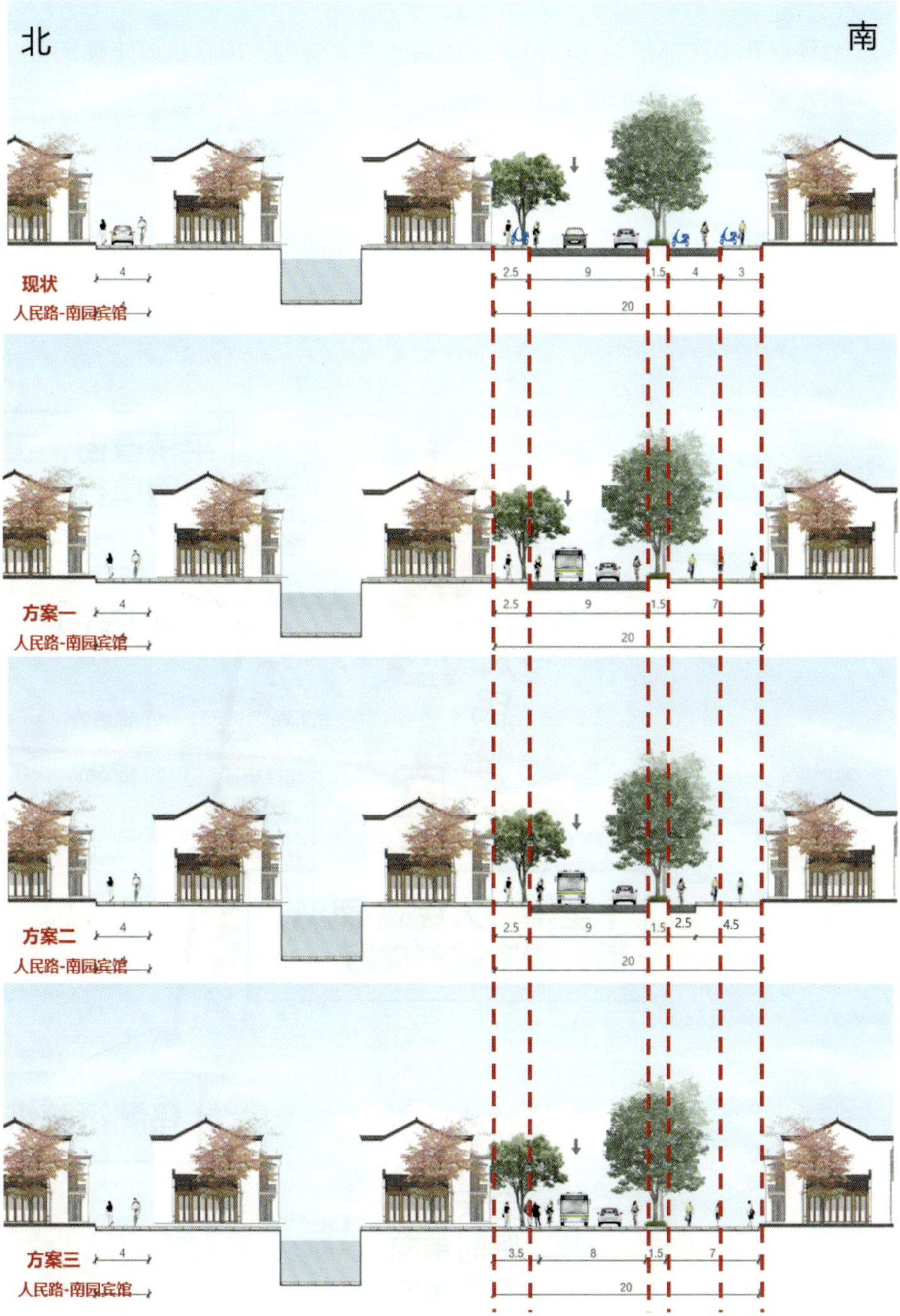

十全街道路断面优化示意图（项目组供图）

经召开多次部门讨论、座谈、协商，专家咨询，项目组最终确定了采用方案三进行道路断面改造。

配套交通措施

为提升十全街整体交通品质，减少高峰期间机动车与非机动车的相互干扰，加强安全保障，提升节点运行效率，结合十全街进出流量分布

十全街交通组织方案（项目组供图）

特征，项目组采取了周末高峰期间十全街由西向东单行的方案。

交通组织上，小汽车由西向东单行，公交车允许双向通行。

工作日单行方案具体为，6:30—8:00、16:30—19:00 十全街（凤凰街—莫邪路）由西向东单行，7:00—8:00、16:00—18:00 平桥直街由北向南单行。周末、法定节假日单行方案具体为，11:00—22:00 十全街全线由西向东单行。

与单行组织方案相配套的措施为，乌鹊桥路全天双向开放，平桥直街除上下学高峰期间外，其余时段双向开放。

此外，项目组还实施了以下配套措施。

加密公交站点位，开通特色主题公交。加密公交站点位，即在原有

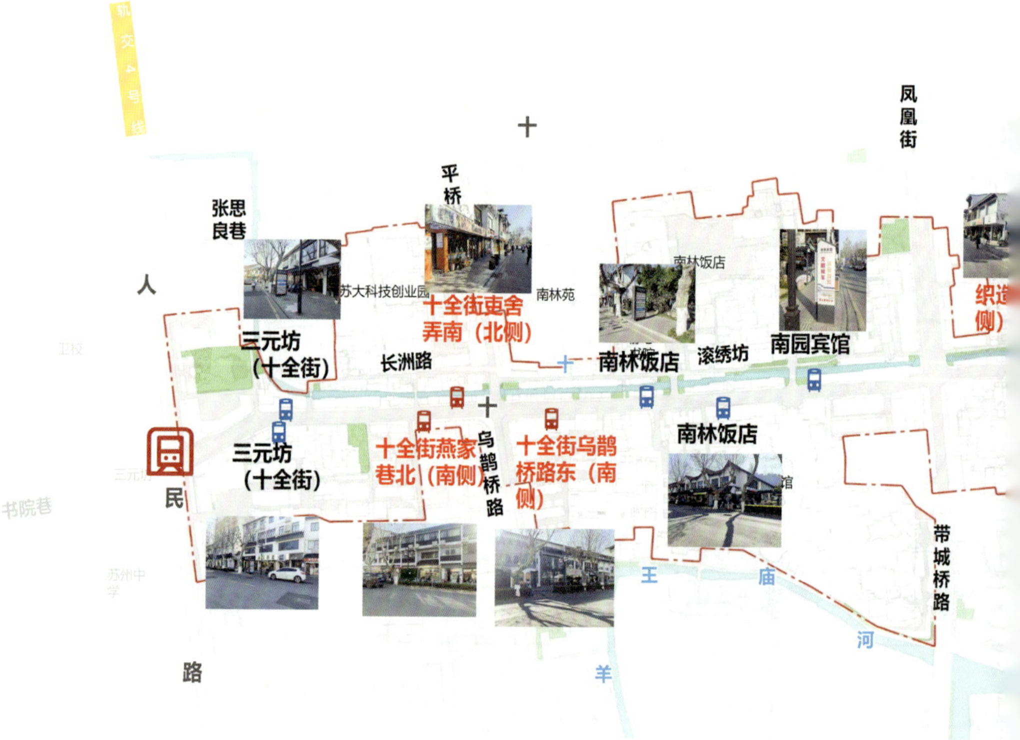

十全街特色公交站点示意图（项目组供图）

十全街特色主题公交示意图（项目组供图）

站点设施基础上新增 7 处专线停靠设施，开通东起葑门首末站，西至张思良巷微枢纽，贯穿十全街与葑门路的公交线路，零距离接驳轨道 4 号线三元坊站。此外，项目组还结合十全街背景，打造恋人——鹊桥仙号、老人——十全老人号、学生——逢考必过号、儿童——贺岁号四种主题公交。

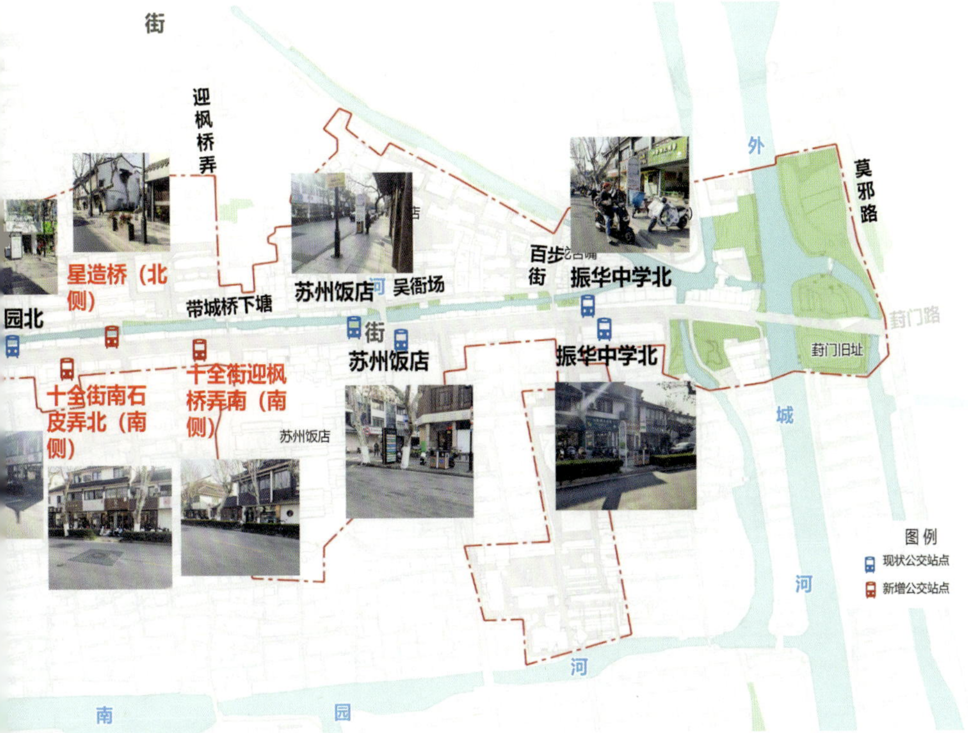

轨道引流，加强公共自行车衔接，构建十全街绿色出行体系。结合十全街南侧人行道拓宽方案，项目组取消位于人行道内的 3 处公共自行车点位，结合新增公交站点、周边需求及间距，增设 8 处公共自行车点位，加密沿线布局，其中二郎巷以西的 7 处设置在绿化带内，二郎巷以东的 1 处设置在人行道内。

十全街公共自行车站点分布示意图（项目组供图）

优化带城桥路与十全街交叉口空间，提升节点运行效率。首先，南、北进口各拓宽一根进口道，提升路口通行能力，同时优化信号灯配时，分离对向车流冲突，提升交叉口运行效率。其次，带城桥路沿线两侧人行道增设非机动车泊位，与十全广场形成完整的 L 型街道空间。

带城桥路－十全街节点优化示意图（项目组供图）

第五条：先做减法，空间减负

梳理停车空间需求

经现场调查，十全街全线共有非机动车泊位约 2011 个，主要设置在非机动车道、人行道内，占据了大量的非机动车通行及行人步行空间，其中泊位分布以非机动车道内为主，约 1210 个，占比约 60.2%；其次为人行道内，约 683 个，占比 34.0%。在泊位利用率方面，高峰期间十全街沿线停放车辆数为 1372 个，总体利用率约 68.2%，其中东西两段供需水平呈不均衡的特点，十全街西段（凤凰街以西）泊位的利用率较高，西段有 626 个泊位，利用率为 92.1%，东段（凤凰街以东）有 1385 个泊位，利用率为 68.2%。（表 1）

表 1　十全街更新前非机动车泊位供需分布情况列表（单位：个）

分类	区位	西段	东段	合计
供给	北	133	202	335
	南	493	1183	1676
	合计	626	1385	2011
需求	北	133	101	234
	南	443	695	1138
	合计	576	796	1372

为充分提升十全街步行空间品质，项目组考虑利用路外用地、相交道路路侧打造非机动车停车空间，以引导十全街沿线大量的非机动车停车外移，释放其占据的十全街慢行空间，同时秉持“轻扰动”的原则，充分考虑就近满足非机动车通勤通学的刚性需求及商业临时停放的需求。以目标与问题为导向，项目组提出四个非机动车停车空间规划策略：一是结合沿线地块更新，新建路外公共非机动车停车场；二是利用相交街巷设置路内泊位；三是鼓励商办配建非机动车停放共享点位；四是在不影响步行空间的前提下，保留局部人行道宽度较宽（5 米以上）、临时需求较强、设置在巷弄内的非机动车泊位。

十全街非机动车泊位分布与利用率图（项目组供图）

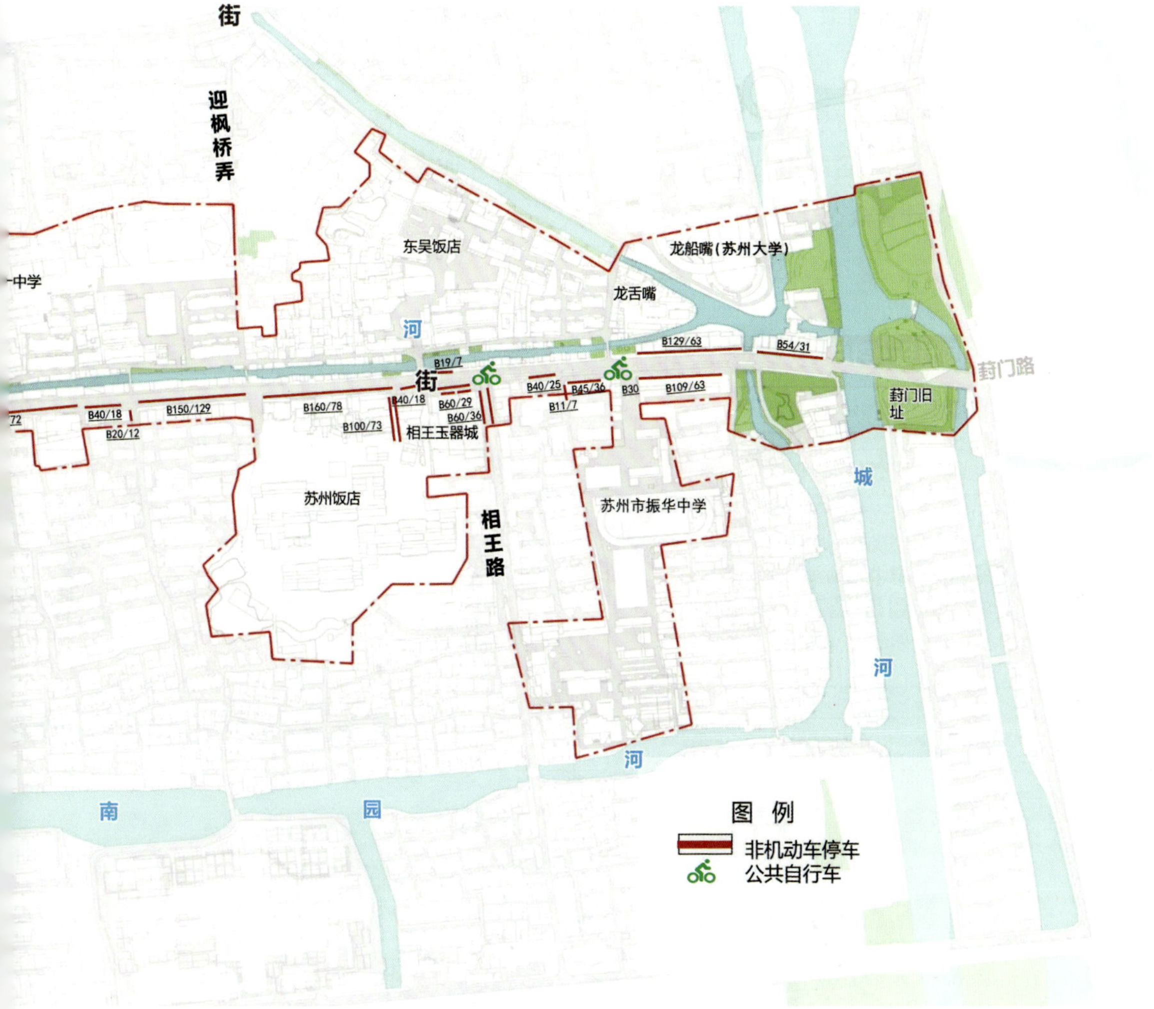
街
迎枫桥弄
东吴饭店
龙船嘴（苏州大学）
一中学
龙舌嘴
河
B129/63
B54/31
B19/7
街
葑门路
B40/25
B45/36
B30
B109/63
葑门旧址
72
B40/18
B150/129
B160/78
B40/18
B60/29
B60/36
B11/7
B20/12
B100/73
相王玉器城
城
苏州饭店
苏州市振华中学
相王路
河
河
南
园
图例
非机动车停车
公共自行车

项目组具体采取了以下措施。

规划构建“8+3+N”非机动车泊位布局。“8”是结合更新地块，规划新建8处主街外非机动车停车场，约920个泊位。“3”是新增南石皮弄、乌鹊桥路—平桥直街、带城桥路共3处，约

十全街非机动车泊位规划布局图（项目组供图）

十全街非机动车停车布局影响范围示意图（项目组供图）

230个相交路口泊位。“N”是在路外空间、接学需求集中区域、较宽人行道，局部保留约450个泊位；为保障非机动车停放在合理步行范围内，局部选取商办配建非机动车共享点位约150个泊位。

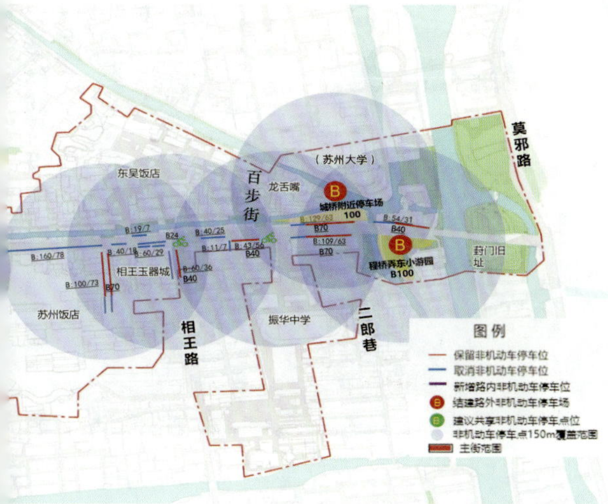

点线结合，充分满足沿线非机动车刚性停车需求。路外公共停车场建设、相交路口泊位施划、共享点位设置等多种方式结合，可满足停车点位周边步行150米半径范围内的非机动车停放需求，并为轨道交通接驳需求、接送学高峰临时停放需求等预留部分非机动车停车空间。

考虑沿线规划更新活力节点的网约车、出租车、小型载货车等机动车到发临停的需求，项目组沿线设置点状临停机动车泊位，供沿线客货机动车错时限时停放。项目组还利用开口较宽的空间施划，不改造人行道和绿化带，尽量设置港湾式停车泊位；利用相交道路路侧空间设置港湾式或半港湾式停车泊位，与相邻主要机动车出入口保持10—15米距离，避免干扰主线道路的交通运行；沿线在江苏嘉玖信息科技有限公司门口、织造桥对面（网师园门口）、苏州饭店门口、相王玉器城门口等位置共设8个临停泊位。

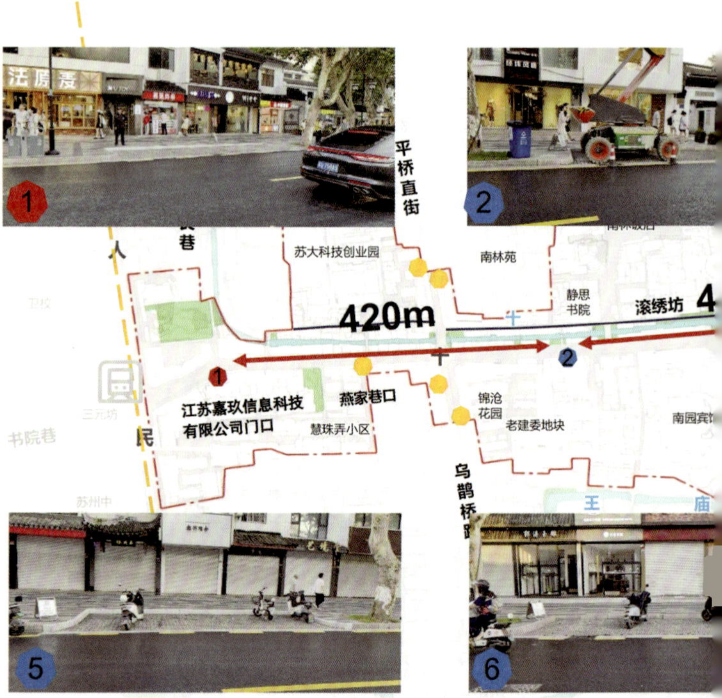

十全街机动车临停泊位分布图（项目组供图）

十全街机动车临停泊位（项目组供图）

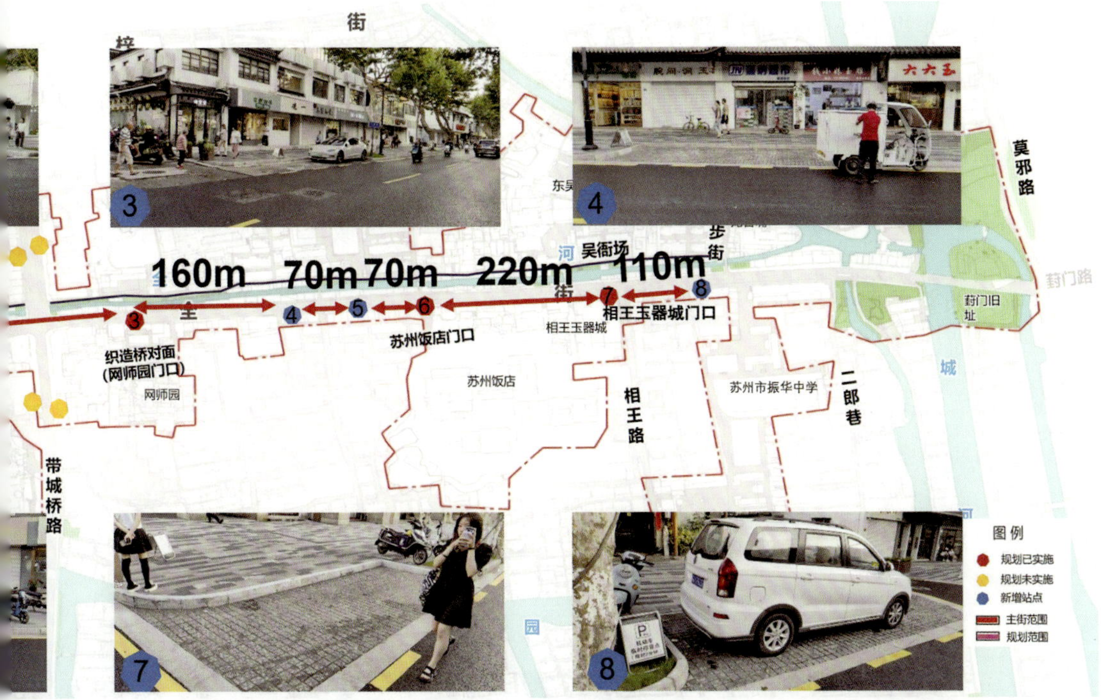

规划非机动车临停泊位。结合十全街沿线美食店铺分布特点，重点满足人民路—乌鹊桥路、乌鹊桥路—带城桥路、带城桥路—苏州饭店、相王路—莫邪路相关外卖临停需求，规范外卖车辆停车。

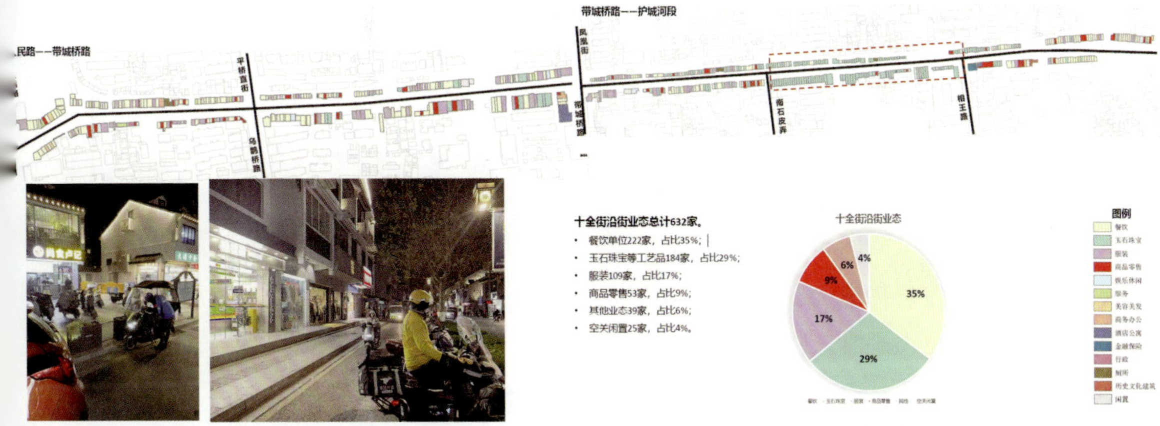

十全街业态分布示意图（项目组供图）

非机动车临停泊位设置的目标为满足十全街沿线外卖、短时购物等商业非机动车临停需求，促进商业活力。设置要求为临停泊位至主街距离须在 50 米范围内，同时从临停泊位步行 150 米能到达沿线美食店铺。设置思路为优先利用路外非机动车停车场、相交路口保留的泊位设置外卖临停区；在以上点位、局部外卖临停需求集中的区域，再考虑在主街现有机动车与非机动车分隔带，设置港湾式非机动车临停点位，满足外卖临停需求。

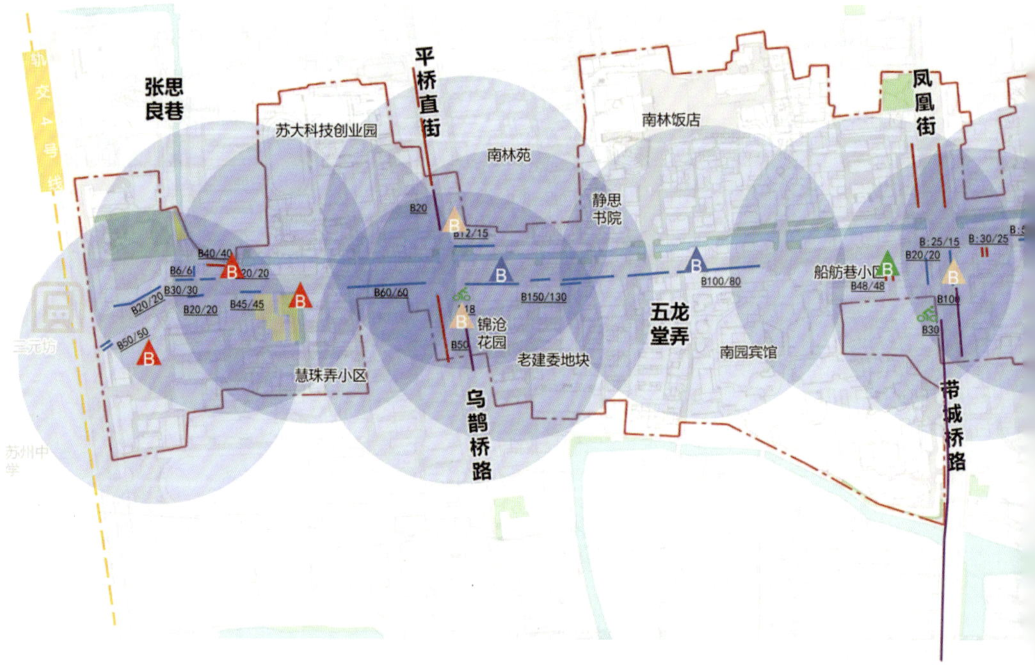

十全街非机动车临停泊位分布及影响范围示意图（项目组供图）

十全街沿线共设置非机动车临停泊位 230 个：一是路外停车场，在近主街的新建路外停车场，设置 4 处距离主街不到 50 米的临停点，每处约 10—20 个泊位，总计约 65 个；二是相交路口临停泊位，在相交路口人行道（宽度 5 米以上）或巷弄内设置 4 处临停点，距主街不到 50 米，每处约 10—15 个泊位，总计约 60 个；三是保留点位，保留相王路以东的非机动车泊位，满足东侧外卖临停需求，约 60 个；四是改造现有机动车与非机动车分隔带，增补 3 处港湾式外卖临停点位，每处 10—20 个泊位，总约 45 个。

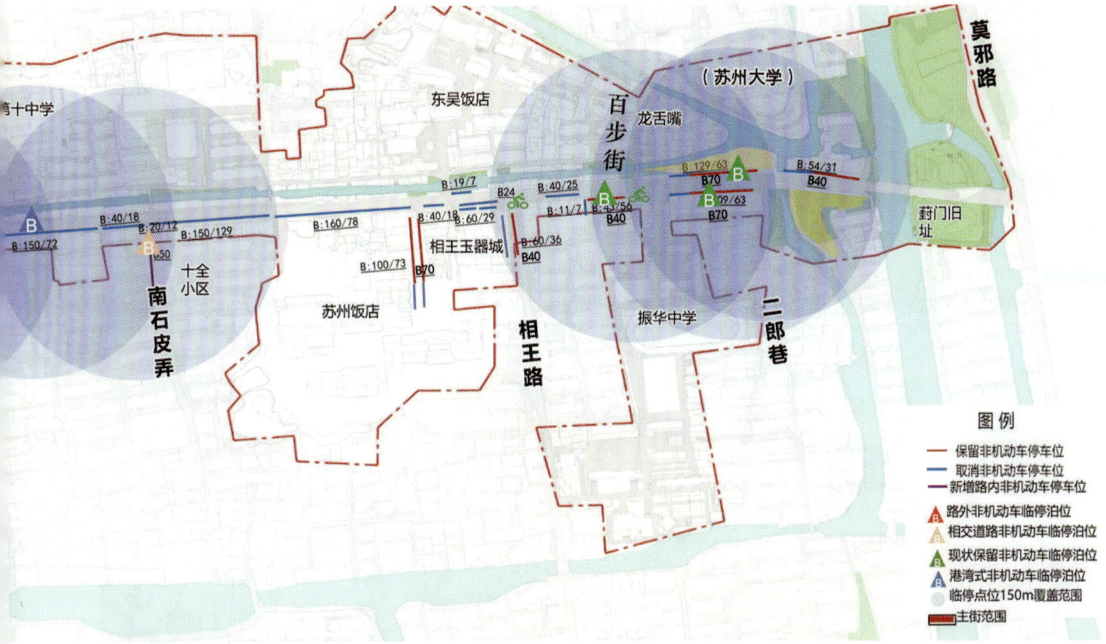

增加非机动车立体停车库。十全街处于古城，交通空间有限，而非机动车的乱停乱放加剧了街道的拥堵和安全隐患。嘉玖停车库的建设有效缓解了这一问题。垂直循环式停车模式的引入，大幅度提升了空间利用效率，释放了原本被占用的街道和人行道空间。与传统的地面停车方式相比，立体停车库不仅节省了宝贵的地面空间，还集中管理了电动自行车的停放，避免了电动自行车随意停放带来的交通冲突和交通堵塞问题。

十全街电动自行车专用立体停车库内部停放设施

十全街电动自行车专用立体车库

清除占道设施

十全街改造的首要目标之一就是清理和迁移占用公共空间的各类设施，尤其是沿街的路障设施和冗余的电力、通信设施。具体来说，改造工程首先要着手拆除或迁移南侧62根路灯杆，清理121处路障设施，包括石球、电话亭等占道设施。这些设施原本占据了大量宝贵的步行空间，使得行人通行变得拥挤不便。拆除这些设施，街道的可用空间得到了有效释放，为市民提供了更为舒适、顺畅的步行环境。

与此同时，专班与市政管理部门、管线单位密切协作，拆除了部分占用道路的强弱电箱，为步行道提供了更多的空间。通过这些细致的设计和措施，改造后的十全街不仅在人行道的宽敞度和通行性上得到了提升，还为市民提供了一个更加安全、舒适的步行环境。

清理占道设施的同时，十全街改造工程也注重对剩余设施的重新整理和优化。为了最大程度地提升步行空间，改造团队在拆除不必要设施的基础上，针对可移动设施进行了整合与归并。例如，一些电箱和弱电设施被迁移或合并，减少了街道上设施杂乱堆放的现象。同时，对于部分固定设施，改造工程采取了美化措施，如通过绿化景观、装饰性格栅等形式对设施进行包裹和装饰，使其与周围环境更加和谐。

不仅如此，在三个主要路口——人民路路口、乌鹊桥路路口、凤凰街路口，改造工程采取了“减杆不减功能”的方案，将原本的66根杆件合并为22根，减杆率达到66.7%。这一改变显著提升了这些交叉口的视觉美感，同时也减少了街道上的杂乱感，使得街区的整体形象更加整洁、具有现代感。

人民路路口多杆合一后街景（冷文摄）

除了清理占道设施，十全街改造还通过优化步行道设计，提升了行人整体的出行体验。根据行人交通出行需求，改造团队对街道南侧的步行空间进行了拓宽，并通过整合原本分散的非机动车道和绿化带，重新规划出一条更宽阔的步行道，确保行人能够更加畅通无阻地通行。

改造后的十全街断面航拍之一

改造后的十全街断面航拍之二

清理占道设施和优化街道设计后，十全街的整体空间得到了大幅提升。原本杂乱的街道不再局促，开放式的步行道使得行人活动更加自由。同时，街道空间的释放，也为沿街商铺提供了更多的经营空间，使得整个街区的活力得到激发。

十全街改造后的步行空间

改造后的十全街不仅是一个通行空间，更成为一个充满活力的公共区域。为了进一步增强街道的功能性，改造团队还对十全广场进行了改造，将其从原本的停车场转变为活动广场。广场定期举办市集、节庆活动等，成为市民聚集和休闲的热点。这一举措不仅提升了街区的活力，还增强了市民的归属感和参与感。

此外，在小微公共空间的改造中，十全街通过精心设计的城市休闲家具和艺术装置，提升了街道的吸引力和舒适度。这些小细节的设计，为市民提供了更多的驻留空间，使得街道不仅仅是一个单纯的通行区域，而且是一个有温度、有活力的公共空间。

街道休憩设施（李晓晖摄）

清理占道设施不仅仅是为了美化街道环境，还体现了城市管理水平的提升。在此次改造过程中，多个市政部门和相关单位进行了有效协作，确保了改造工程的顺利进行。例如，在多杆合一工作中，改造团队与电力、通信等单位通力合作，优化了杆件的布局，减少了设施冗余，提升了城市空间的管理效率。

改造后的十全街（王曦摄）

这种综合整治方式，不仅解决了占道设施的问题，还通过智能化和系统化的管理，使得城市空间的利用更加高效、合理。通过整治和优化，十全街的公共空间得到了极大的提升，不仅改善了市民的出行体验，也为城市的精细化管理提供了示范。

此外，改造过程中针对不同功能需求的细化处理，最大限度地提升了城市空间的使用效率。例如，通过合理配置非机动车停车场和立体停车库，满足了城市日益增加的绿色出行需求，同时避免了停车占道现象的发生。整体而言，十全街改造项目在清理占道设施的基础上，不仅优化了步行空间，还为城市未来的功能拓展与可持续发展打下了坚实的基础。

第六条：拓展小微公共空间

挖掘潜力空间

挖掘潜力空间，打造交往场所，集聚活力。项目组走访调研发现，十全街整体上较为缺乏开放空间，已有的基础开放空间或被停车占用，或因空间局促缺乏停留休憩空间，客流高峰时期排队人群甚至会挤到机动车道路上。设计团队充分挖掘现有潜力空间，并开展精细化节点设计，共改造沿街 27 处公共空间节点，包括 3 个市政交叉路口节点、11 个桥堍绿地空间节点、4 个路侧滨水空间节点、5 个路侧绿地广场空间节点、4 个路侧转角空间节点，并补充行人沿街停留和休憩空间节点，营造人际交往场所。

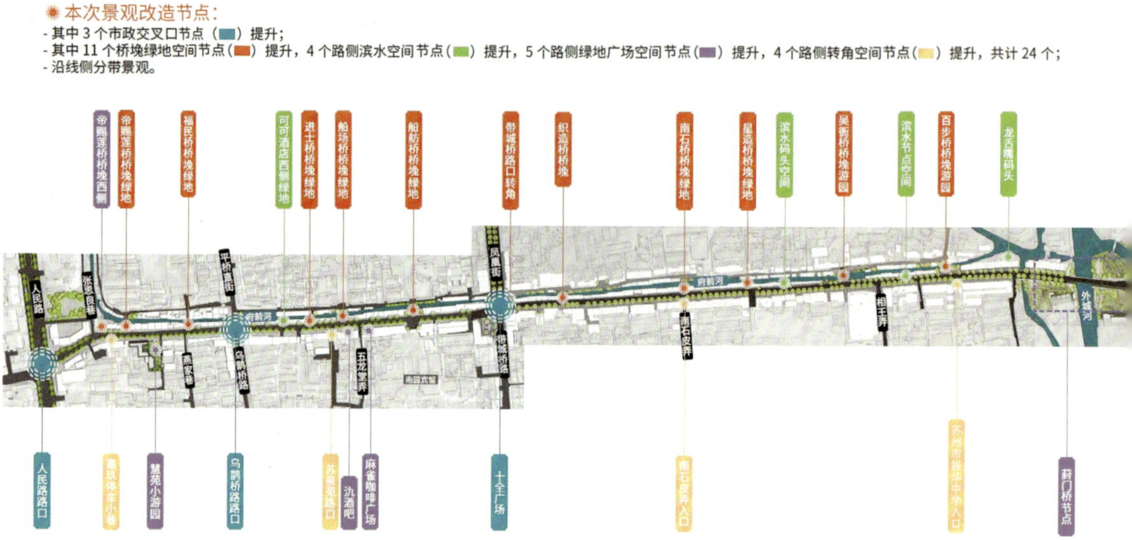

沿街 27 处公共空间节点类型及分布图（项目组供图）

例如慧苑小游园占地面积约 793 平方米，是十全街西侧供居民、游客停留休憩的游园。游园东侧、南侧为住宅，游园西侧为办公场所。改造前，游园沿街面绿化较为隐蔽，且车挡较多，进入空间较小；游园内部绿化较为丰富但停留空间有限，铺装地面、设施较为良好但局部存在破损。改造设计时，项目组以沿街界面打开、丰富游园功能为主要思路，打造环境优美、舒适宜人的公共休憩空间：在临街面移除车挡、清理绿化，采用灰色仿石砖铺装强化入口空间；形成由十全主街进入小游园的开敞过渡地带；对游园内植物优化时充分尊重现状，如以紫玉兰与地被花境为对景，从细微之处体现雅致风情；在亭子周围设置可移动的座椅家具，营造公共的城市客厅，提升人群的驻留时间，激发场景活力；同时增加非机动车停车空间，缓解周边停车压力。

慧苑小游园改造前（张祎婧摄）

慧苑小游园改造后（张祎婧摄）

改造后的慧苑小游园成为居民日常活动的场所（张毅峰摄）

激活公共活力

促进文化体验，技术赋能彰显古韵新潮。项目组坚持“中心 +”“文化 +”“数字 +”策略，利用潜力空间，引入内容丰富、形式新颖的文化活动，缓缓诉说苏州古城的文化魅力。如利用十全广场举办文化市集、吸引高质量文创品牌，结合中秋等传统节庆，传播苏式月饼等文化；结合十全河夜游项目，以吴衙场码头的游船往来为背景，在岸边停泊的船上安排专业歌手身着汉服，吟唱苏州传统歌谣，吴侬软语的苏州小调伴着流水淙淙的老街小巷，一种“酥”式浪漫的情调便油然而生；此外，还探索开发元宇宙新技术，以乌鹊桥为文化载体充分挖掘“鹊桥相会”的浪漫故事，构建 AR 虚拟数字场景，打造网红拍照打卡文化节点。

十全河夜游（冷文摄）

『鹊桥相会』AR 数字场景（郭陈斐摄）

例如，十全广场占地面积约 750 平方米，处于带城桥路与十全街交叉口，车流量较大。改造前，整个广场大部分空间被机动车停车占用，不利于周边连续的步行体验，空间利用较为低效。

在十全广场设计当中，项目组以人群活动空间最大化为核心出发点，采取腾挪停车、去除相关市政设施、减少景观构筑物、避免场地高差、减少空间分割要素等方式，建设可最大化容纳无限可能的统一平整广场空间。

通过改造，停“车”场变成“人”的活动广场，形成完整统一的空间和公共开放的界面，成为承载街道节庆活动、假日市集活动、居民休闲活动等的场所。十全广场已从一处老旧停车场蜕变成十全街上最重要的城市级活力场所。这里定期策划主题市集与活动，为年轻人提供了具有年轻活力与潮流文化的活动感知体验，提升了整个广场片区的活力与热度。

十全广场改造前

十全广场改造后（冷文摄）

再例如，氿酒吧广场占地面积约211平方米，是十全街西侧少有的向内型空间之一，门前有一棵树龄335年的罗汉松，是苏州市一级保护古树名木。古树东西两侧为餐饮店铺，南侧为网红酒吧，改造前古树下方的中低层植被长势凌乱，铺装物料及坐凳陈旧且破损严重，地面有高差，与人行道衔接不畅，不利于人群停留和边侧店铺形象展示。

氿酒吧广场（殷启民摄）

专家与总控团队依据《苏州市古树名木保护管理条例》的要求，提出节点设计要强调场地核心古树的保护传承、展示利用；以公共空间打造为主要思路，增加景观的功能性及与周边围合店面的互动性；处理好广场与道路、建筑的衔接，使设计更加人性化。

项目改造把树荫、树池设计为“读古传文”的休憩场所。围绕场地中间 300 余年树龄的古树罗汉松，去除其冗杂的下层植被和破损的坐凳，以古树的保护传承、展示利用为核心理念，通过呈发散、涟漪状的铺装形态强化古树与广场及四周店铺的空间关系，同时新增兼顾休憩及古树保护作用的苏式韵味坐凳，在释放下层空间的同时也增补了停留坐靠功能。改造后的节点既可展示古树名木，也与周边的店铺形成空间上的互动，吸引人群驻足赏读城市历史，激发城市商业活力。

氿酒吧广场改造前（项目组供图）

氿酒吧广场改造后（项目组供图）

1點點
正在营业

改造后的沆酒吧广场，十一国庆期间举办爱乐『乐团快闪』活动

第七条：提亮特色文化场景

十全街在改造过程中，特别注重特色文化场所的打造，将十全街的历史文化与现代城市的需求有机结合，形成独具特色的文化名片。这个过程不仅仅是物理空间的重建，更是文化气质的再造。

彰显河街特色，讲好“十全”故事

十全街作为苏州古城的重要组成部分，拥有丰富的历史遗存与人文资源。为了更好地彰显历史文化特色，改造过程围绕“水乡”这一主题，尤其注重文化的传承与创新，力求在街区空间的改造上体现独特的文化韵味。

十全街的独特魅力在于其深厚的文化底蕴，尤其是与古桥、古树、历史建筑密切相关的文化元素。为了让这些历史文化资源在现代化改造中得到充分展现，改造团队进行了大量的文化资源挖掘与历史故事梳理。通过多方的考察与访谈，项目团队梳理出十全街及其周边地区的 15 处文物保护单位、21 处历史建筑和 30 处不可移动文物。同时，古树名木的保护与修复也是这一阶段的重要工作内容之一。

十全街小聚（冉懋武摄）

雨中进士桥（查正风摄）

在此基础上，项目组提出了“桥、街、河”三位一体的文化展示思路，致力于将这些文化资源通过景观设计、灯光效果、公共艺术装置等方式展现出来。例如，在桥梁改造过程中，每座桥都有独特的历史背景和文化寓意，项目组通过“以桥讲故事”的设计手法，让每座桥都承载一段历史故事，使之成为游客了解十全街文化的重要节点。

“十全”不仅是一个地名，更是一个与苏州传统水乡文化密切相关的文化符号。14 座历史桥梁是这一文化符号的物质载体。改造方案特别

强调通过桥梁作为文化载体，向游客展示苏州的历史文化和民俗传统。

每一座桥不仅是通行的工具，而且承载着深厚的文化象征意义。例如，乌鹊桥有着“鹊桥相会”的爱情故事，这一传说与中国传统节日七夕节息息相关。为了突出这一主题，改造设计中特别在桥头位置设计了鹊桥雕塑，并通过 AR 技术复原了鹊桥相会的浪漫场景，游客可以通过智能手机或平板电脑，直观地看到这段古老的传说如何在现代技术的辅助下完美呈现。

同样，吴衙桥作为连接十全街与吴衙场的重要桥梁，背后也有着丰富的历史文化资源。吴衙桥曾是水陆交通的重要节点，承担着古代苏州水乡的交通枢纽功能。通过对吴衙桥历史背景的解读和桥头空间的艺术处理，改造方案突出了吴衙桥与苏州古城水陆交通的密切关系，强调了“水乡古道”的独特风貌。

除了对桥梁进行文化展示外，项目组对十全街的街区空间也进行了精心设计，在沿街的多个节点设置了具有历史文化符号的景观小品，如以“状元之路”为主题的雕塑群，以及通过二维码或文字介绍牌展示十全街相关历史人物与事件的文化墙，以激活文化氛围并增强游客的文化体验感。

其中，进士桥旁设计的以“状元之路”为主题的雕塑群，纪念曾住在十全街的进士元绛与朱纨。南石皮弄巷口则通过红梅的景观设计，致敬著名作家沈复的《浮生六记》，将沈复的诗词意境与街道景观融合，带给游客一种诗意的文化体验。通过这样的设计，十全街不仅是一个旅游观光的场所，更成为一个可以让游客深刻感知历史文化的城市空间。

十全街的改造不仅注重白天的文化呈现，还特别强化夜间景观的设计。在夜晚，十全街通过巧妙的灯光设计、投影展示和水幕效果，使游客获得独具特色的夜景文化体验。桥梁的亮化设计，特别是对历史桥梁进行投影、灯光和水幕的综合运用，不仅提升了整个街区的视觉冲击力，也让游客在夜晚漫步时，能够沉浸在一种既现代又传统的独特氛围中。

例如，在乌鹊桥的改造过程中，项目组通过灯光与水幕的搭配，展现了“鹊桥相会”的浪漫主题，使得这一历史悠久的桥梁焕发出新的生命力。这些设计，使十全街的夜景成为城市文化的一部分，吸引了大量游客在夜间进行文化体验与观光。

桥体市政管线消隐

在十全街的改造过程中，市政管线的消隐与桥体保护是不可忽视的环节。历史悠久的桥梁在现代城市化进程中，常常面临着市政设施需求与历史遗产保护之间的矛盾。为了更好地保护十全街的历史文化遗产，特别是在保护桥梁本体方面，项目组采取了一系列创新性的解决方案，力求既能满足现代城市的功能需求，又能最大限度地保留古桥的历史风貌。

十全街的14座古桥，多数建于明清时期，这些古桥不仅是苏州水乡文化的重要象征，也是重要的历史文化遗址。然而，随着城市化进程的推进，许多现代市政管线，如电力线、通信线、燃气管道等，其过桥段往往被安装在桥体周围或桥下，这些管线严重影响了桥体的历史风貌和文化展示。

为了消除影响古桥风貌的管线，项目组与市政、电力、通信等多个部门进行了长期的沟通与协调，最终实现了管道的消隐。

例如，乌鹊桥的两侧曾架设有多条电力和通信管道，这些管道不仅影响了桥梁的视觉效果，也阻碍了桥梁的保护与展示。为了彻底解决这一问题，项目组通过与多部门协调，采取技术手段，在改造过程中移除了这些市政管线。

乌鹊桥管线清理前后对比图（郭陈斐摄）

乌鹊桥管线清理后

然而，消隐市政管线并不意味着简单地拆除。考虑到现代城市基础设施的需求，项目组在改造过程中采用了将地下管网与景观设计相结合的方式，确保了市政设施的正常运行，同时也不破坏桥体的历史风貌。具体来说，部分管道被迁移至地下，另一些则通过美化设计进行隐蔽，使其与周围的历史文化景观相融合。

桥体的整体保护与修复

项目组对桥体本身进行了全面的保护与修复，桥梁表面经过精细修复，保留了原有的历史痕迹，并通过现代科技手段增强了历史感的展示。

项目组还对部分桥体表面进行高科技的AR投影设计，让游客能够通过智能设备体验到与桥梁历史相关的内容。

例如，作为十全街的一大亮点，乌鹊桥不仅因其独特的历史文化背景而著名，更因其改造过程中所采用的创新设计手法，成为游客获得街区文化体验的重要载体。乌鹊桥承载着“鹊桥相会”的美好传说，这一主题在改造过程中得到了巧妙运用。

第一，市政改造与文化元素融合。乌鹊桥的改造涉及市政管线迁改、桥体修复及文化展示三大核心内容。项目组通过与多部门的合作，成功隐蔽了桥体周围市政管线，为桥梁历史文化价值的展现提供了空间。同时，设计团队通过结合“鹊桥相会”的传说，创造性地在桥体和周围环境中加入了相关的艺术装置和互动元素，使得乌鹊桥不仅成为历史文化的见证者，也成为游客体验十全街独特文化的载体。

第二，现代技术与历史故事结合。乌鹊桥的改造不仅关注物理空间的改建，还借助现代科技手段，如AR互动投影等技术，将“鹊桥相会”的故事以全新的形式呈现给游客。在桥头区域，游客通过手机或平板可以看到与传说相关的虚拟画面，从而在参观过程中获取更加生动和沉浸式的文化体验。

再例如，吴衙桥不仅是十全街的历史文化象征，也曾是周边水路和陆路交通的交会点。在十全街改造过程中，设计团队在保护桥梁历史风貌的基础上，强化了其交通作用，确保其既保留文化价值，又满足现代城市的使用需求。通过细致的修复工作，吴衙桥的主体结构与历史雕刻得以保留，同时消除了周边的市政管线，恢复桥梁的原始美感。

在修复过程中，设计团队重点保留了吴衙桥的历史细节，尤其是桥体的石刻纹饰和古老的雕花栏杆。此外，设计团队通过移除破坏视觉效果的市政设施，增强了游客对桥梁历史感的认知。为了加强文化氛围，桥周围的景观设计也融合了苏式园林元素，如小桥流水和粉墙黛瓦的建筑风格，让吴衙桥不仅是交通枢纽，更成为游客了解苏州文化和历史的一个重要载体。

改造后的吴衙桥不仅交通更为便捷，还增加了观景平台和休息区，供游客驻足欣赏十全街的美丽景致。同时，桥梁两侧设置了文化解说牌和互动装置，游客可以通过扫描二维码，了解吴衙桥的历史背景及其在地方文化中的重要地位。

织造桥旁的文化长廊（严瑶婷摄）

十全街人民路路口（刘水摄）

第八条：轻干预，少扰动，微改造，无感施工

城市更新与街道改造是现代城市化进程中不可避免的重要环节。过去，传统的城市改造通常伴随着大规模拆迁、重新建设等“重型”操作，往往在极大改变城市面貌的同时，也对居民的日常生活和商业活动产生了严重扰动。然而，随着城市规划和建设理念的不断更新，“轻干预，少扰动，微改造，无感施工”这一新的改造模式应运而生，它通过减少施工对环境的破坏，在尽量减少干扰的情况下推动城市空间功能和品质的提升。

十全街的改造项目，正是借助这一理念，采取了细致而有针对性的施工方案，使得改造工作能够在最大程度保障周边居民和商户的正常生活与经营的前提下推进完成。项目中的“微改造”和“无感施工”便是这一理念的具体体现。

微改造

微改造是指在城市更新中，针对特定问题进行的小范围、低成本的改动。它通常包括对环境进行细微调整或增设一些细节设施，以达到提升街区功能、改善市容市貌的目的。微改造的最大优势在于通过小规模的调整就能显著提升街道的整体效果，不仅不会打破原有的街道氛围，而且能增强街道的活力和功能性。

在十全街的改造过程中，微改造被广泛应用，尤其是在一些基础设施的修缮与细节的改善上。例如，十全街的雨水排放、台阶的安全性、路面裂缝的修复等问题，都是通过精细化的微改造得以解决的。

十全街的历史建筑较多，部分建筑的排水系统已经老化，雨水排放不畅，尤其在雨季，容易出现积水现象，影响居民的出行和街道的清洁卫生。为了解决这一问题，项目组对街道的雨水排放系统进行了微改造，重点解决了雨水无法及时排放的问题。通过改建和疏通管道，雨水能够更加顺畅地流入下水道，避免了街道上水洼积聚的情况发生。

项目组在一些低洼地区铺设透水砖，进一步优化了雨水排放效果。这些透水砖不仅可以增强地面透水性，项目组还能够有效减少积水，提高排水系统的整体效能。对于排水不畅的区域，项目组还增设了排水井和雨水收集装置，使得改造后的街道能够更好地应对暴雨天气。设计单位还特别注意透水砖的设计，确保其与周围街区的整体景观风格相一致，使得排水系统的改善既实用又美观。

十全街的台阶修缮是微改造中的一项重要内容。由于历史悠久，部分台阶因使用年限长而出现了不同程度的磨损、裂缝，给行人带来了一定的安全隐患。为了提高行人安全，施工方对这些台阶进行了精细化修缮。

修缮过程中，项目组不仅对台阶进行了表面修复，还根据街道的实际情况，对不规则的台阶进行了调整，确保每一步台阶的高度一致，避免了台阶高度不一导致行人摔倒的危险。此外，项目组还特别注意使用与周围环境协调的材料，使得修复后的台阶既坚固耐用，又不失街道的历史韵味。

店铺门前台阶改造前后对比图（项目组供图）

除了排水系统和台阶修缮，十全街的绿化景观也是微改造的重要内容之一。项目组增设的花境、花坛及街头绿植，不仅提升了街道的美观度，也改善了街道的环境质量。在街道的拐角处，设计单位特别设计了景观小品和休息长椅，供行人停留与休息。这些微小的绿化与景观元素，使街道的活力得到了提升，居民和游客的体验感也有所提升。

在绿化设计上，项目组强调了植物选择的多样性和适应性，选择了适合苏州气候的本地植物，这些植物既能够适应季节变化，也能减少日常养护成本。此外，增加的绿植不仅能够改善空气质量，还能在夏季提供阴凉，提升街道的宜人性。

休息长椅

花境（张毅峰摄）

无感施工

无感施工是一种精细化的施工方式，它强调在改造和更新过程中，尽可能减少对周围环境、居民、商户的负面影响，尤其是在噪声、灰尘、交通等方面。十全街改造项目的施工方深刻意识到，传统的大规模施工往往伴随着重型机械、噪声和尘土，这对居民生活和商业环境造成的影响是不可忽视的。因此，项目实施方通过科学规划、合理安排施工流程，成功实现了“无感施工”的目标，确保了施工的高效进行，同时最大程度地减少了不良影响。

无感施工的第一步是进行充分的前期规划。在十全街改造过程中，项目组首先通过与居民、商户及社区管理者的多次沟通，明确了他们的需求和关注点。例如，居民担心施工期间可能带来的噪声污染，而商户则担心道路封闭或商铺前的空间减少会影响生意。因此，施工方通过与居民和商户的协商，调整了施工的时间、方式及区域范围。

在施工过程中，施工方采取了分区分时施工的策略。高噪声、大震动的施工任务，如路面破除、建

十全街全景

十全街
十全街位于人民路东侧，东至葑门，全长2004米 原名"十泉街"，
因旧时沿街有古井十口，故名 清乾隆帝南巡曾驻 跸于织造署内，因乾隆
帝自号"十全老人"，遂将"十泉街"改名"十全街" 现存网师园
署旧址，彭定求、彭启丰、沈德潜、王颂蔚、李根源、何亚农
人故居建筑。
行走十全街（虞绛摄）

筑外立面拆除等工作，安排在白天的低峰时段进行；而对噪声较小的施工项目，如墙面涂刷、门窗更换等则安排在夜间或凌晨进行，确保不干扰居民的正常生活。此外，施工队伍还采用静音机械和降噪工具，如静音压路机、低噪音电锯等，这些设备能够在保证施工质量的同时，大幅减少噪声污染。随着施工技术的不断进步，静音机械和环保施工工具的逐渐普及，无感施工的可行性和效果得到大大提高。

施工过程中的尘土问题往往是困扰城市更新项目的一个大问题。为了解决这一问题，十全街改造项目组特别重视降尘措施的落实。施工方采用了先进的喷水降尘系统，这套系统能够在施工区域喷洒细雾，将空气中的尘土有效吸附，并且防止粉尘扩散至周边。此外，施工区域还设置了围挡并加装了环保网，这些措施有效地减少了施工过程中尘土飞扬的情况，确保周边居民的空气质量不受影响。施工区的扬尘控制系统除进行高压喷雾外，还具有湿润地面等多重防尘作用，不仅提升了环境质量，还最大限度地减少了因尘土引发的周边居民健康隐患。

针对雨天可能带来的泥泞问题，施工方还在关键路段铺设了临时的防滑垫，使得路面不会因雨水而泥泞不堪，确保了周围居民和商户的出行不受影响。项目中还优化了雨水排放通道，在设计阶段就考虑了积水问题，通过微调地面坡度和改建排水管网，确保雨季时街道能够顺利排水。

十全街的改造涉及主要街道的升级与修缮，因此，交通疏导成为一个不可忽视的问题。为了避免施工造成的交通堵塞，项目组在施工前就与当地交通管理部门进行了详细沟通与协调。施工期间，设计方、施工方制定了详细的交通导向方案，对车流和人流的路径进行了合理疏导，避免了施工区域的交通堵塞。针对施工区域临时交通封闭引发的不便，项目组也制定了灵活的交通替代方案，提前向市民发布交通变更公告，确保市民能及时了解改造工程的影响范围。

此外，施工方还在主要交叉口和施工区域设置了交通指示牌，清晰标示施工区域和绕行路线，确保行人和车辆能够顺利通过施工区域，减少施工对居民生活和商户营业的干扰。通过这一系列的交通管理措施，施工方成功地保障了施工期间十全街交通的流畅，最大限度地减少了道路封闭和交通堵塞带来的不便。这些举措不仅保证了施工的顺利进行，也保障了周边商业活动的正常运行。

无感施工的重要特点之一是建立及时的社区反馈机制。在施工过程中，项目组设立了专门的沟通平台，通过“十全街商圈联盟沟通群”和热线电话，居民和商户可以随时向施工方反馈遇到的问题。施工方也会定期召开居民与商户座谈会，了解他们的需求与意见，并根据反馈及时调整施工方案。例如，有居民提出施工期间，夜间依旧有较大噪声，施工方迅速作出响应，改进施工方法，调整施工计划及安排，以此来减少对居民的影响。通过这些及时有效的反馈机制，施工方能够在施工过程中保持与社区的良性互动，确保项目按计划顺利推进。这一做法展示了项目组对社区居民的高度重视，也增强了居民和商户对改造工作的理解和支持。

人气渐升的十全街（张惠摄）

第九条：共识、共设、共建，自主更新

十全街本轮更新改造提升与苏州历来道路改造较为不同的一点是，沿线居民、商户、企事业单位都深度参与了改造的各个阶段。十全街沿线涉及双塔街道的沧浪亭、滚绣坊、网师巷、百步街、二郎巷 5 个社区，居民约 21000 人。十全街全长 2000 余米，运营店铺约 600 家，业态包括餐饮、服饰、玉石珠宝等。此外还有苏州市振华中学、苏州第十中学、苏州大学等多个学校，以及南园宾馆、南林饭店、东吴饭店等多家酒店。以上所有单位涉及人群的代表在项目启动、施工进场、改造进程中都有不同的诉求与意见。协调这些人群不同的诉求，是本次改造面临的重点问题，需要街道社区工作人员、总控团队、设计团队、实施主体多次协调解决。

双塔街道办事处与规划技术服务组通过姑苏区“社情民意联系日”活动座谈会，以及施工单位多次现场协调等形式，让居民、商户全过程参与道路交通、市容环境、业态发展和施工安排等改造内容，形成常态化议事机制，形成协商讨论、动态解决实际问题的平台。通过居民商户、街道社区、实施主体、总师设计团队四方共建的共同缔造机制，多主体得以凝聚共识、共同设计、共同建设。在这样的机制下，政府、街道社区、实施主体、设计单位、商户、居民、企事业单位等多主体共同商议，在数次争锋中逐渐凝聚“步行化”共识，共同选择施工方案。

倾听诉求凝聚共识

十全街在改造前的规划设计阶段，项目组通过组织召开“社情民意联系日”活动，居民、商户座谈会等形式，充分了解居民和商户诉求。并总结了交通组织、基础设施、环境卫生、城市管理 4 大类 21 个点位的典型问题。以群众反馈为依据，有针对性地制定十全街改造更新提升策略。

2021 年 9 月起，姑苏区结合区情实际，在每月的第二个星期日常态化开展“社情民意联系日”活动——由区四套班子领导带领党员干部、人大代表、政协委员下沉至辖内 169 个社区，目的在于主动来到老百姓“家

门口”，全方位、多渠道听取意见、建议，坚持群众“愁什么解决什么、盼什么给什么”。做到“小事不出社区、大事不出街道、矛盾就地解决”。十全街的改造利用了姑苏区“社情民意联系日”的基层治理活动，在改造前、改造中即时聆听十全街老百姓的意见。

2023 年 12 月 10 日，双塔街道组织了保护区、姑苏区第 28 期“社情民意联系日”活动。政府主管领导与企业负责人、居民、商户面对面交流，充分征求大家对十全街综合整治提升的意见、建议。活动共收集到各类意见、建议 20 余个，涉及加强停车管理、完善功能配套、提升沿街风貌、优化业态布局等方面。

2023 年 12 月 10 日，保护区、姑苏区第 28 期“社情民意联系日”活动现场

另一种听取民意的方式就是由街道社区办事处和相关部门组织召开的专题座谈会。2023 年 12 月 13 日，双塔街道、交警部门组织召开十全街中段居民和商户座谈会，聆听居民、商户对十全街单行组织方案、非机动车停车等方面的诉求。

十全街周边居民希望交通优化后不要影响居民日常生活、出行；如果打造成步行街，希望充分考虑周边居民，尤其是老年人的出行需求，优化公共交通，方便日常出行生活。也有居民提出，十全街北侧带城桥下塘等背街小巷路面较窄，并且经常有居民车辆临停，十全街实行单行后，北侧单行线路管理势必更加严格，居民停车难问题将更加突出，希望政府能够在周边提供更多停车资源解决停车难问题。

商户认为当前电动自行车停放在非机动车道，影响了十全街整体的美观，建议加强对电动自行车的管理，在街巷增设集中停车区域；同时，增加充电桩，满足商户、居民充电需求。十全街中段商户认为十全街是一条文艺街，在规划过程中要注重这一特质，防止过度化、同质化开发；同时，要更多地打造精品 citywalk 线路。

除了“坐下来”了解诉求，在十全街更新提升中，项目组还“走进去”，在商户的店铺内进行入户访谈，了解诉求。2023 年 12 月 20 日，十全街规划技术服务组到现场补充调研，对乌鹊桥节点、沿河背街的商户进行入户访谈，收集商家诉求。

乌鹊桥路东北角的 Elephanteau 小鼻子餐饮店主在访谈中表示，十全街客群主要是本地年轻人，节假日才会有较多外地人，现在十全街晚上 8:00—9:00 就非常冷清了，因此希望能吸引更多外地人。“哪个地方都不缺餐饮，十全街中段今年 2 月—5 月餐饮店数量从 18 家增加到 38 家，内卷得厉害。”店主特别希望在十全街增加具有吸引力的业态，比如酒吧、话剧院、电影院。例如上海安福路就是因为有一家话剧艺术中心，所以晚上 7:00—10:00，演出散场后的人流量很大，会带动消费。

鼓励全民参与设计

十全街在改造过程中充分调动了市场自身的活力，鼓励全民参与设计，大众共同缔造场景，社会共同营建市场，让每个商户、居民都做“十全主人”，这些不仅提高了周边人民的生活品质，还提升了大家的获得感、幸福感与满意度。

华灯初放的十全街（张惠摄）

三元坊（十全街）

十全街改造前，沿线人行道与商铺之间存在高差，商铺前的台阶参差不齐。有一层台阶的，也有两层台阶的，凸出在人行道上，行人一不小心就会被绊倒。为了消除高差，十全街工作专班决定优化调整十全街沿街商铺门前台阶。但要做好商户的沟通解释工作并不容易。

实施主体苏州万和建设发展有限公司（简称“万和公司”）、双塔街道办事处、姑苏区城管局等部门与设计团队、施工团队等各方组成联合沟通小组。小组逐一与改造商家沟通协调，做到一户一设计，在综合考虑沿线的整体性、美观性的同时兼顾各户商家的意见。在台阶改造问题上，小组多次入户与十全街沿街商户一一沟通，并根据商户意见及时优化设计方案，最终征得 98% 以上商户的同意，将台阶统一改造。

关于节点空间的场地设计，规划技术服务组走进商铺，在现场与商户召开共同缔造现场会。在店铺里讨论商铺门前的景观设计。2024 年 8 月 8 日，十全街项目专家组组长、中规院副院长邓东带队组织召开了共同缔造现场会。在麻雀咖啡广场，邀请了商

施工中联合沟通小组逐一与商户协商台阶改造方案（项目组供图）

户代表 WAVA Diner 的王琨、麻雀咖啡的华子及实施单位苏州名城保护集团运营部、万和公司项目部主要负责人员，双塔街道办事处主要负责人员，中规院和苏规院主要负责人员，苏州合展设计景观设计团队主要负责人员，一同参加了现场会。

会上，设计团队介绍了历版方案及其设计思路。商户代表提出诉求、建议及创意想法，包括广场外空间布置、景观树种选择、夜间亮化等。在总控团队指导下，会上决定由商家会后详细说明设计要求，并由设计团队出具方案效果图。现场所有参会人员面对面建立微信群，方便后续设计与实施的沟通工作。

会后，WAVA Diner 与麻雀咖啡两家商户代表进行了内部讨论，向总控团队和设计团队提供了想法与方案设计要求。后续施工单位与商户代表完成了进一步对接。

麻雀咖啡广场共同缔造现场会（项目组供图）

WAVA Diner 商户设计要求（项目组供图）

同一天下午在十全街东段的啡舍咖啡（吴衙场 25 号），总控团队组织了同样形式的共同缔造现场会。会上，参会人员围绕吴衙场节点的设计方案展开讨论。商户代表啡舍咖啡的何晴希望在吴衙桥打造苏州文化名片，让居民和游客都体验到行为类的苏州特色街头文化。会上还讨论了对啡舍咖啡门前的红豆树历史渊源及特色的展现、亲水平台设计的实现、门前平台违停预防等问题。邓东在会上提出十全街的后续长效机制，应由街道社区、商户、规划技术服务组、实施主体四方共建，实现共同

十全街燕家巷口西（陆伟平摄）

建设、共同运营、共同治理。让商户作为“十全主人”主动策划节庆活动。让社区民众作为“十全老人”参与街道治理，形成十全街的常态化行机制。

引导自主更新改造

十全街的店招设计在改造前就已经极具特色，沿街店铺的店招本就是十全街吸引人流的一大看点。无论是网红店铺还是玉器店，各种业态的商户都愿意在店招上花心思。因此，本轮十全街的改造理念改变以往统一店招的做法，采用了弹性引导街道风貌的方式，鼓励店面多元化、个性化发展。

美丽店招美丽橱窗征集活动

在政策引导方面，为了让古城在焕新中彰显活力，近年来，保护区、姑苏区推进店招标牌个性化打造，在制定《姑苏区店招标牌个性化设置导则》的基础上，编制了《苏州市姑苏区户外广告设施详细规划》，举办了首届最美古城妆造设计大赛，进一步倡导橱窗店招的规范设置与创新实践。2024 年以来，十全街有 41 家商户实施店招更新升级。同时，在保证基本统一的前提下，十全街鼓励多元与开放，努力让街区的店招更加灵动鲜活。在活动组织方面，姑苏区组织了“美丽店招美丽橱窗”征集活动，鼓励商铺自主更新，十全街沿线 49 家商铺参与夜间店招橱窗亮化行动，且各有特色。

乌鹊桥路口西南角的嘿啰面包门口，不少市民游客在新装修的店招橱窗处打卡拍照。据店铺主理人介绍，为迎接秋冬消费旺季的到来，他们再次对店招和橱窗进行了焕新升级，打造了冬季限定款主题。通过冰雪、礼物等元素的装饰传达用面包温暖人心的理念。

与嘿啰面包的潮流网红店招风格形成对比的是同样位于十全街的国兰馆，其店招与橱窗风格代表了中式美学。店主本人亲自设计布置橱窗。在

十全街嘿啰面包阳台上的音乐会（贾嘉摄）

国兰馆橱窗展示

访谈中了解到，国兰馆店主作为十全街最早的一批商户，历经十全街一步步焕新升级。本轮改造是对十全街整体的提档升级，国兰馆的店铺也会随着季节的变化，适时变更橱窗的主题。放眼望去，店内错落有致排列着的精致典雅的艺术盆栽，透过玻璃橱窗，苏式韵味扑面而来。

第十条：共建、共享、共治，长效机制

长效治理机制

街道的更新改造提升若是仅仅依靠政府投入力量维护运营，将无法形成可持续的、有自我生长动力的更新模式。在十全街物质空间改造还未完成前，十全街长效治理机制就成为专班内部频繁讨论的议题，专班希望通过多方联动，探索参与式长效治理，探索共建、共享、共治的可持续更新模式。

实际上，改造期间多方主体的协调与沟通过程就是长效治理的开始。在十全街改造的规划设计、施工期间，多方主体通过多次座谈会、现场会，以及在施工现场的聊天甚至是冲突中，开始逐渐熟悉彼此的角色。原本陌生的社会关系网络通过街道改造得到加深并拓展。由商户、居民、创客、学生、游客等共同形成的共生式社群关系，在一次次碰撞中形成了参与式治理的模式，从“政府要我做”转为“居民商户我要做”，最终建立了共建、共享、共治的街区治理长效机制与可持续更新模式。

街道党工委牵头，社区党组织、街区商户联盟参与，成立了“十全街党建联盟”，联动街道执法大队、公安、新就业群体、“海棠先锋”等多元力量，打造区域性党建网络。依托“三张清单”精准匹配项目，即梳理制定资源清单、项目清单、需求清单，十全街成立“十全十美议事会”，邀请职能部门工作人员、沿街商户、居民骨干共同参与，2024年以来已解决商户群众“急难愁盼问题”70余个。

在十全街重新开街后的第20天，即2024年7月18日，十全街工作专班及技术服务组共同组织召开了“共建、共享、共治”专题研讨会，商讨十全街下一步的发展问题。会议由政府部门专班、技术服务组、双塔街道办事处、施工单位万和公司项目部、居民商户代表等参加。

作为长效治理的重要主体，双塔街道办事处表示对照共建、共享、共治，现在是刚开了个头。街道办事处目前也在思考由“管”到“治”的转变，未来不会通过大投入的方式管理非机动车，而且要避免与游客

十全街施工现场（张惠摄）

的冲突。因此，未来不能光靠政府投入力量来解决问题，而是需要街上的每个人来做主人。十全街的提升不是政府的单向输出，而是市区、街道社区、街区与老百姓、商户、单位之间的双向奔赴。双塔街道办事处正在探索多种平台机制，通过“十全街党建联盟”“海棠先锋”“十全十美议事会”等现有的平台定期梳理商户诉求。所有的出发点都是居民、商户的个性化需求。

此次会议把更多的发言机会留给了居民和商户代表，让他们充分表达不同想法。在十全街住了几十年的张小贞奶奶说，十全街一直在变化。一开始是宾馆；后来是高档店，消费高；再后来是饮食店、玉器店、服装店。这次改造是最满意的一次。她本身是做玉器的，天天要去看一下十全街东段的玉石店，这次改造后，晚上出来散步很舒服。过程中有些“坑坑洼洼”，但是结果是好的。“共建、共享”都感受到了。“共治”是长效的事情，不是一朝一夕的，希望施工单位要持续关心。

陈小宝作为新苏州人来到十全街居住后，特别为苏州的城市文化、街坊温情所感动。他觉得苏州的叔叔阿姨才是苏州的宝贝。苏州的阿姨

十全街电动自行车专用立体停车库（陆伟平摄）

在端午节，都会给他的孩子做装鸭蛋的针织包，平时也经常打招呼。这样的街坊情是他在其他城市没有感受到的。陈小宝认为需要发挥居民的引导作用，社区居民也可以去做一些事情，让游客到了十全街，能感受到文化的力量，感受苏州人的亲和力、文明素养。共管，不是让政府管，是让居民管，政府最好不要管。退休的阿姨叔叔有大量时间，他们能发挥作用，帮街道解决大量问题。

在陈小宝居住的慧苑小区周边，每 3—5 分钟就会出现非机动车不按规定停放的情况，城管很辛苦。他作为十全街上的居民，会说："你别这么停，一会儿找不到了。"如此一来，违停的人就会好好停。此外，陈小宝认为，商家是吸引客户的关键，居民也会认真听商户的问题，因为商户的意见是真的能抓住客户。邓东带领的团队提供的是硬件、设计细节，而商户和热心阿姨们要面对的是日常细节。比如游客和商户发生争吵，会影响十全街整体氛围，需要沟通、引导、解决。这些都是小事，没有大事，但"冷凝水是小事、滴到脖子里是大事"，这次十全街改造中把冷凝水这样的小事也做到位了，让大部分人感受到苏州服务型政府的细节。

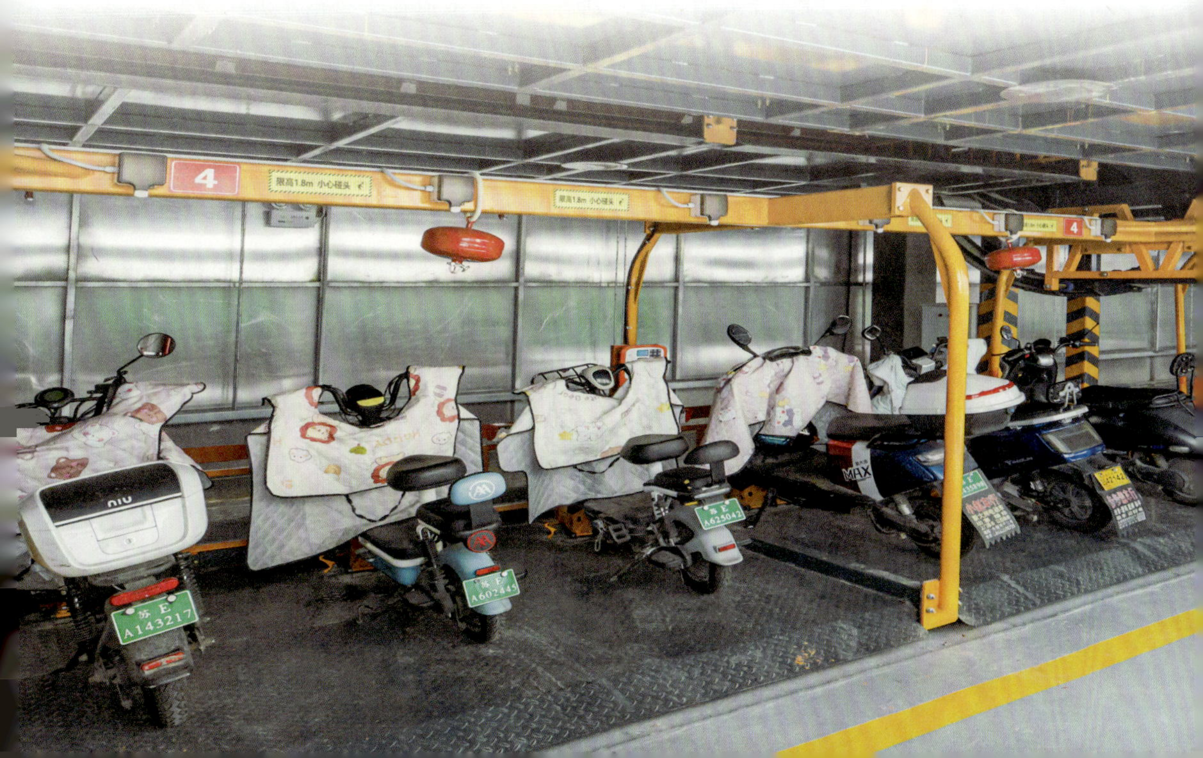

十全街"共建、共享、共治"主题研讨会（项目组供图）

为了维护十全街改造成果，姑苏区鼓励商户、居民、沿街单位等发挥主人翁意识，每月主动参与街区环境日常管理，齐心协力共同提升街区整体形象。2024 年 6 月 5 日，姑苏区双塔街道在十全街举办了"共建净美家园"活动启动仪式。苏州市城市管理局副局长阎鸿泰，姑苏区副区长杨跃，姑苏区城市管理委员会、双塔街道办事处主要领导及相关负责人员，十全街商户代表、网格员代表、环卫工人代表及部分市民朋友参加了启动仪式。

活动现场，十全街商户代表、网格员代表、环卫工人代表及市民朋友等共同在《倡议书》上签名承诺，对各自市容环卫责任区内的环境卫生、公共设施、花草树木、停车秩序等做好清理维护和日常监管，共同参与每月开展的大扫除志愿活动，在开展好日常经营活动的同时，扮好洁净家园维护者和环境整治参与者的角色。Coffee Please、比星咖啡、南园宾馆、老苏州茶酒楼、WAVA Diner、苏祥兴苏式面等 6 家商户对十全街编号为 500 号、548 号、657 号 -A、658 号、723 号、669 号的 6 处公共绿化带进行认领，通过商户自身的努力让绿色常驻十全街区。国兰馆等有专业特长的商户自发为十全街增添特色盆景景观，发挥自身主观能动性让街区绿意更浓、生机更足。该活动首先在十全街开展试点，后续将进一步推广到全区 8 个街道，让更多居民、商户、沿街单位提升自治意识，主动维护街区市容、秩序、环境卫生，推动形成共建、共享、共治的良好氛围，共同唱响古城治理“协奏曲”。

『共建净美家园』活动

公厕改造是姑苏区 2024 年民生实事项目之一。改造完成后的十全街也面临公厕不足的问题。为提升公共服务质量，缓解市民游客如厕难的问题，姑苏城管环卫部门采取实地踏勘、征集商户意愿等方式，鼓励有条件的商户将店内卫生间向社会公众开放，实现卫生间共享。

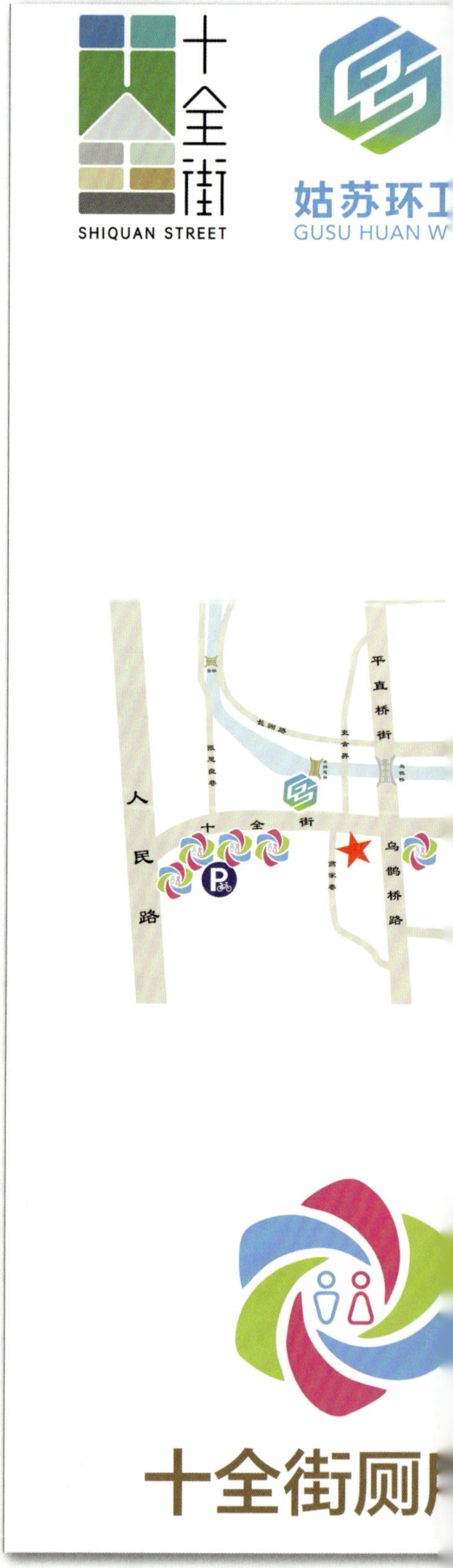

“十全街厕所联盟”标识牌

十全街导厕指引图

十全街厕所联盟

为有效缓解公共厕所不足和分布不均的问题，提升城市公共服务水平，展现城市管理的智慧与温度，十全街通过引入公厕联盟模式，引导沿街商户、政府企事业单位、国资企业、学校等场所的厕所免费对外开放，缓解市民游客的如厕难题。游客可通过联盟标牌来识别联盟商户。

联盟

在征集活动中，老苏州茶酒楼、天伦之乐酒店、南林饭店等 15 家商户积极响应。这些店铺基础设施较好、营业时间较长、厕所保洁程度高，成为首批加入公厕联盟的商户。为方便市民游客及时找到共享厕所，姑苏城管环卫部门在十全街路口设立导厕指引图，并统一制作了“十全街厕所联盟”标识牌，张贴在店铺门口。在联盟商户营业时段，市民游客可直接进店，有序使用卫生间。

老苏州茶酒楼是厕所联盟首批 15 户商家之一。他们的工作人员表示，为市民游客提供厕所，是企业应尽的责任。以前有市民游客借用厕所，服务人员也是热情地接待。厕所联盟的建立，不仅有助于市民游客增进对酒楼的了解，也提升了市民游客对十全街暖心服务的认可。

老苏州茶酒楼（冉懋武摄）

十全街橱窗（冉懋武摄）

社群文化营造

十全街位于苏州古城的核心位置，业态丰富、历史悠久，既保留着传统水乡的建筑特色，又吸纳了年轻化的潮流元素，可谓是“传统现代化、古典潮流化”的代表性街区。不同的社群、不同的文化在十全街这条街上相互碰撞。双塔街道也通过组织不同的活动凝聚这股涌动的文化力量。

十全街上汇聚了各类商户近600家，不仅有麻雀咖啡、红楼果汁铺、解药咖啡等种类繁多的有情调小店，也有像同得兴、祥鑫、馋佬沛饮食店等本地传统美食店。2022年“十全经济联盟”正式成立，联盟的成立也有利于发挥商户的集聚效应，聚力将十全街打造成苏城“小资”与游客首选的“慢生活”聚集地。

有人才的城市方具活力，留得住人才的城市才有未来。随着十全街不断焕新、花式“圈粉”，天南海北的“后浪”奔涌而至，为古城老街的发展贡献力量。2024年9月，为进一步增强街区女性创业者的凝聚力和归属感，国兰馆、金剪道、啡舍咖啡、解药咖啡、嘿啰面包五家女性主理人店铺授牌成立“十全十美”十全街女性主理人创新创业联盟，她们在十全街闪耀着蓬勃向上的“她力量”。

小憩一角（王志明摄）

为了让十全街持续焕发活力，双塔街道定期组织举办特色主题快闪活动，不断吸引新老顾客。街道联合商户联盟结合商户特色、游客兴趣及流行趋势，充分挖掘十全街历史文化内涵，开展七夕、中秋、国庆等系列文化主题活动，促进街区经济持续迸发活力。

“漫步十全·悦享古城”是十全街所在的双塔街道举办的一年一度的文旅活动。目标是将十全街区打造成集社交互动、打卡消费、生活服务等于一体的多元化“城市会客厅”，让老苏州的烟火人间与Z世代的时尚潮流在这里交融共生，构成一幅鲜活的现代版“姑苏繁华图”。在2024年国庆期间，街道策划了“衣、食、住、行、展、书、饮、乐、作、集”十大主题活动，并邀请市民游客参与有奖打卡，分享街区生活动态，在流光溢彩中感受夜经济的繁荣与活力。“大美汉字设计展”同时启动，在十全街区展陈艺术作品，并联合街区阅读空间举办签售、讲座等活动，为市民游客开启“艺术＋阅读”的文化场景体验。

为吸引更多年轻群体走进苏州古城、爱上苏州古城，十全街共有大大小小超100个经营主体在全网各平台开通直播账号，其中不乏百万级“网红大咖”。例如创始至今已经有19年历史的本土织绣明星“羿唐丝绸”在直播电商领域便找到了自己的业绩爆发点。品牌依托“轻奢丝绸”的明确定位，聚焦 30—50 岁女性白领、时尚达人等消费群体，在直播间有针对性地推出图案更丰富、元素更多元、风格更年轻的产品，像“Hello kitty”等联名款和设计师款深受线上消费者的喜欢。自开通直播以来，客单量已累计超 2.3 万件。此外，数字金融科技也在十全街有了新的应用场景。一款由中国邮政储蓄银行和姑苏本土企业联合开发的“何以姑苏”文旅消费系列数字人民币硬钱包在 2024 年国庆期间发布。作为江苏省首发的文旅金融产品，硬钱包以十全街为主题，叠加文旅、非遗、商圈等多元场景，展现出古城老街青春焕发的独特魅力。用户只需将硬钱包终端轻轻一碰，即可完成支付，无需烦琐的密码输入或扫码操作，提升了支付的便捷性和安全性。此外，硬钱包支持离线支付功能，在没有网络的情况下，也能通过“碰一碰”等方式，快速完成支付。

江苏省首发文旅金融产品十全街主题硬钱包

店招一直以来是十全街的特色和亮点，在姑苏区组织的“美丽店招美丽橱窗”活动中，在最终获奖的 25 家“美丽店招”中，十全街商户占了 7 家；25 家“美丽橱窗”中，十全街商户占了 11 家。获得 2024“美丽店招”的有殿春里、素人记素食餐厅、Aout Patisserie 八月悠根摩哈餐饮、坐那、初礼纪、野川、浅夏之约。获得 2024“美丽橱窗”的有国兰美术馆（国兰馆）、嘿啰面包、阿婆绿豆汤、集宝斋、牡丹亭、Elephanteau 小鼻子餐饮、善古云、曼工细活、草莓同学、金剪道、崔万志旗袍馆等。

在改造后的十全广场上举办“美丽橱窗美丽店招”图片展活动

殿春里店招

坐那店招

Elephanteau 小鼻子餐饮橱窗

善古云橱窗

十全广场夜景（冷文摄）

共生理念下十全街更新实践的多元成效

经济复苏，流量倍增

政府的短期有限投入撬动了苏州古城经济的复苏，十全街街道流量与商铺营业额倍增。

人流如织，古街新颜展风华。自改造以来，十全街的人流量实现了质的飞跃。尤其是在周末高峰时段，人潮涌动，人流量较改造前翻了3倍有余。从2024年4月的每小时约853人，到同年8月的每小时近3000人，日均人流量达到了1.44万人次，国庆期间更是创下单日最高3.3万人次的记录，这一数据的变化不仅是数字上的增长，更是街道活力与吸引力的直观体现。2024年8—10月累计人流量高达151.5万人次，仅国庆黄金周就吸引了13.6万人次的游客纷至沓来。吴衙场码头的游船项目自2024年4月30日启动以来，每月平均接待游客超过2000人次，即便是在炎炎夏日，游客们乘船游览的热情依旧不减，8月更是达到了10457人次的乘客量，稳定的接待质量让每一位游客都能体验到“船在水中走，人在画中游”的诗意美景。

十全河水上游（阙明芬摄）

随着步行环境的改善和街道活力的提升，更多的游客与居民在晚间到访十全街，提升了街道活力，拉长了行人驻留时间。十全街人流最高峰时段从改造前的17:00—18:00，变更为改造后的19:00—20:00，晚间高峰经营时长整整延长了两个小时，夜间经济的繁荣景象可见一斑。这一变化不仅丰富了市民与游客的夜间生活，也为商家带来了更多的商机。在回访与调研中，商户们普遍反映营业额有了显著提升，部分店铺更是借势进行了店面升级，营收增长高达两倍之多。主街背后的滚绣坊、吴衙场等背街小巷也迎来了更多游客。

十全街夜间街景（郭陈斐摄）

门庭若市——滚绣坊（查正风摄）

商铺兴隆，自主改造焕新生。沿街商铺营业额显著上升，商户自主改造动力增强。根据改造后的抽样调查，约 37% 的零售店铺、33% 的餐饮店铺及 10% 的玉器店均实现了流量与营业额的双重增长。高达 80% 的游客表示愿意再次光顾，这不仅是对街道改造效果的认可，也是对未来持续发展的期待。商业活力的增强，极大地激发了商户自主改造的积极性。自 2024 年 6 月十全街重新开街至同年 10 月，已有 42 家店铺自发进行了更新升级。截至 2025 年 4 月，已有 119 家商户进行自主更新，共计投入约 1000 万元。例如，“步行化”改造激发了网红店嘿啰面包更新店铺二层，改造增加了露台空间，引入了露台音乐会，主动吸引了更多的游客驻足欣赏，成为十全街不可错过的风景，其营业额实现了快速翻番。此外，老苏州茶酒楼在本轮改造中，由国资平台与企业联合更新，被打造为传承陆文夫文学与苏州传统美食文化的文人饭店，从室外环境到菜品都焕发新颜。

十一期间嘿啰面包门口

片区带动，共绘古城新篇章。十全街主街带动周边片区有机更新，整体提升街区活力。例如，乌鹊桥路曾经是“电脑一条街”，大部分店铺业态是电脑及配件零售和仓储。随着十全街综合更新提升的有序推进，街区潮流文化氛围日益浓厚，乌鹊桥路引入乐村项目，打造沉浸式“文化 IP”的新空间，盘活了路边闲置资源，采用复古雅痞风格结合现代文化元素，涵盖了创意餐饮、潮流买手店、餐酒吧等创意商店，以及苏州首店、各色主题类市集，成为融休闲、娱乐、餐饮、潮流文化等业态于一体的“乐村”街区。此外，沿线低效办公区还自主更新为文创融合的产业园“M+ 驻这里”。这些更新，是十全街片区发展“后街经济”的代表，未来也将带动更多年轻市民与游客集聚古城。

自主更新后的“乐村”街区

“M+ 驻这里”

一致认可，满意工程

十全街的改造为周边居民提供了休闲空间。在姑苏区这片历史悠久但建筑密集的区域，休闲活动场所的稀缺一直是居民心中的遗憾。十全街的改造以其步行舒适度的显著提升、安全环境的全面优化，为居民们带来了一份意外的惊喜，成为周边居民度过闲暇时光的首选之地，无论是晨光初照抑或夕阳西下，都能看到居民们三三两两或漫步，或驻足，享受着更新改造带来的活力与惬意。居民的一句质朴话语“会选择在十全街上散步，每天都走好几趟”，正是对改造工作最真挚的肯定。

十全街晚间居民休闲场景

十全街成为周边居民休闲好去处（阙明芬摄）

十全街的改造获得了相关人群的一致认可，成为一项深入人心的民心工程。回访调查显示，有超 55% 的本地居民与近 50% 的商户对这次改造表示了由衷的满意与赞赏，交谈期间他们不经意的赞赏透露着对改造后的十全街的喜爱与肯定。更难能可贵的是，超过 80% 的游客在体验过后，被其特色所吸引，他们不仅乐于在社交媒体上晒出自己的游玩照片，分享美好的瞬间，更积极主动地将十全街推荐给身边的亲朋好友，让这份美好得以传递与延续。同时，他们也表达了强烈的重游意愿，期待着再次踏上这条充满故事与韵味的街道。

十全河上（俞学友摄）

在十全街歇脚的行人（成玉干摄）

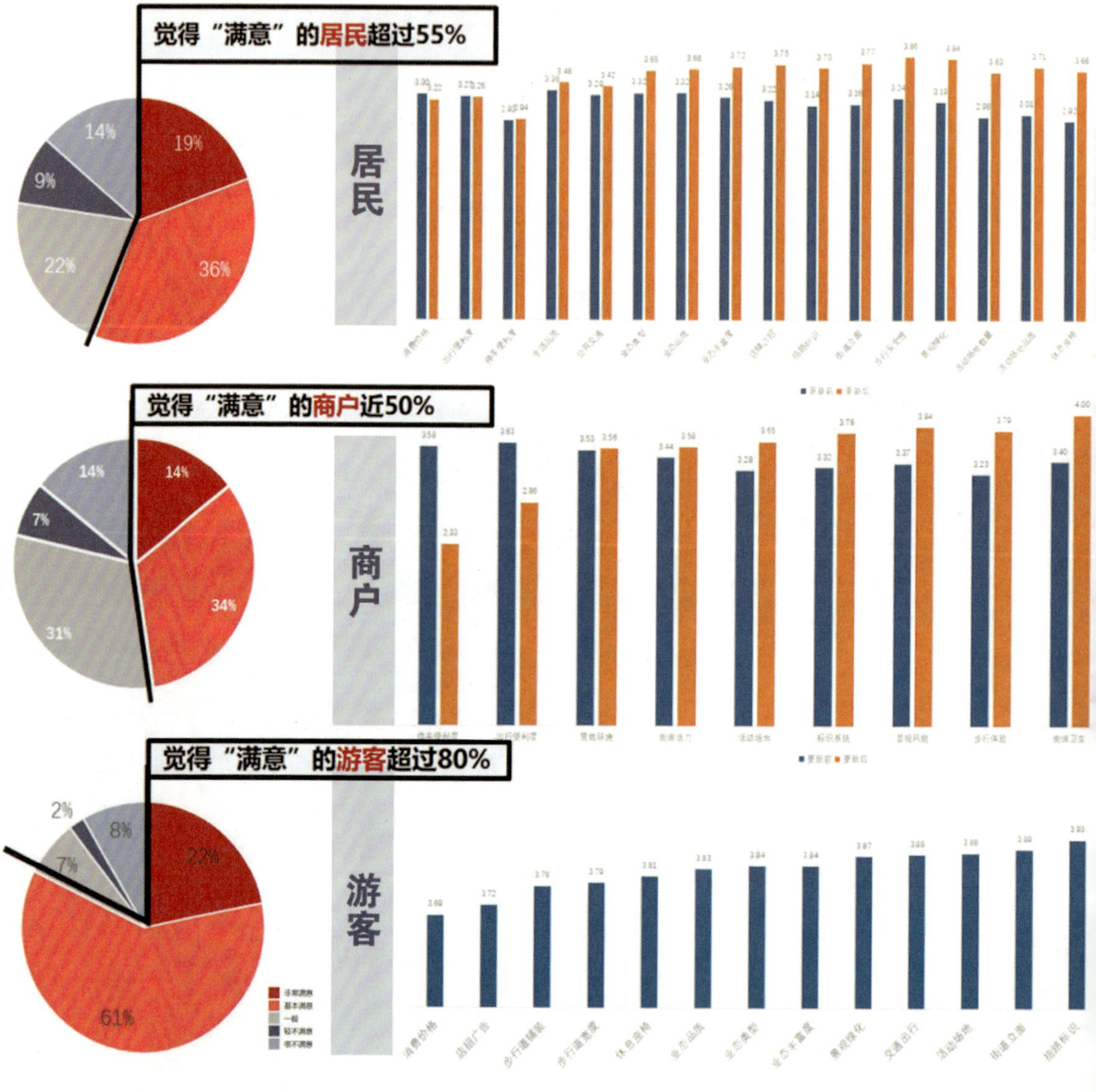

居民、商户、游客满意度回访调查（项目组供图）

居民对十全街满意度更新前后变化

更新前后满意度提高最多的前三项

- **人行道宽度**
- **步行舒适度**
- **人行道铺装**

沧浪亭社区居民

十全街现在很漂亮，很热闹，我每天都会走好几趟！

商户对十全街满意度更新前后变化

更新前后满意度提高最多的前三项

- **夜间照明**
- **休息座椅**
- **街道卫生**

啡舍咖啡商户

对十全街感到比较满意，路面很不错，客流量很好。希望能参与门前景观设计。

游客对十全街的满意度评价

满意度最高的前三项

- **步行安全性**
- **步行舒适度**
- **街道卫生**

游客对十全街的吸引力评价

- **超过80%的游客愿意推荐十全街给朋友**
- **超过80%的游客愿意重游十全街**

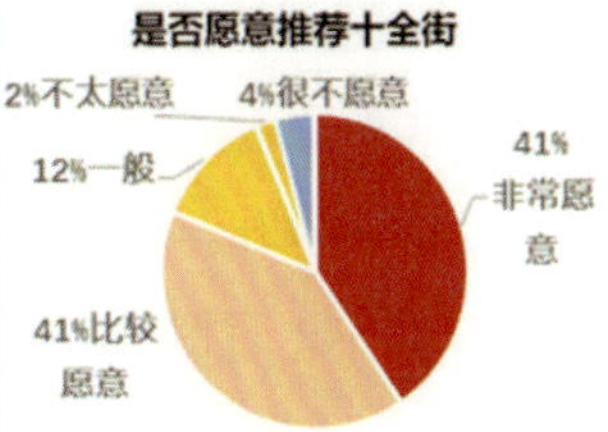

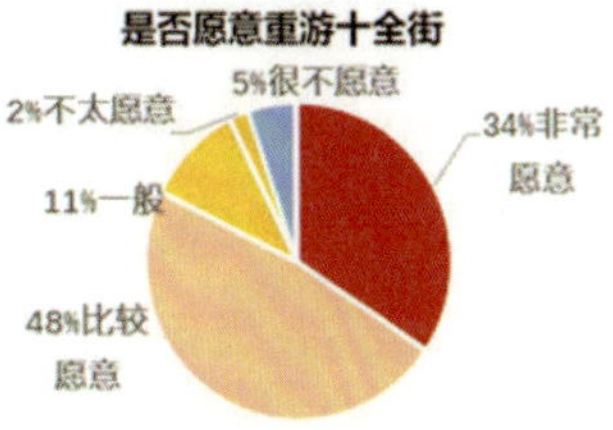

十全街街头游客纷至沓来

苏州古城，网红街道

重新开街以来，十全街的文化品牌影响力就如同一股不可阻挡的潮流，不断向外辐射，深入人心。十全街成为广泛传播的文化品牌，成为苏州古城新一代网红街道。“中国有条十全街”的文化品牌影响力不断提升。“日刷视频 300 条，十全街占 50 条”，家住慧苑小区旁的市民这样描述近日十全街的热度。

媒体对其关注度持续攀升。2024 年 6 月十全街重新开街至同年 8 月各级各类媒体共发布了 542 篇相关报道，其中不乏《中国新闻周刊》、央广网、《新华日报》、《扬子晚报》、《苏州日报》、苏州电视台等主流媒体的深度报道。这些报道从不同角度、不同层面挖掘了十全街的文化内涵与时代价值，使其成为公众视野中的焦点。在新媒体平台上，十全街同样大放异彩。“姑苏发布”微信公众号发布的 75 篇推文，以及联合各文旅达人、《苏州日报》、SBS 暖视频、文化双塔等媒体在抖音等平台发布的 59 条视频，共同构成了十全街在新媒体领域的强大传播矩阵。

各类媒体对十全街的报道

十全街相关短视频在社交媒体上的热度持续火爆。其中，《来十全街，与阳台音乐会不期而遇》一经发布，在抖音平台便收获 11.4 万次的点击量，展现了十全街独特的艺术魅力；而《乐村开街！苏州老城藏着多少惊喜？来乌鹊桥找答案》则通过生动的镜头语言，带领观众领略了十全街周边的历史风貌与人文风情。中央电视台《远方的家》栏目组与姑苏区委宣传部共同创作的短视频作品《在苏州逛街根本停不下来》一经发布，更是在抖音平台收获了 19.7 万次的点击量，进一步提升了十全街在全国范围内的知名度。为了深化文化品牌影响力，十全街还举办了一系列丰富多彩的文化活动。"在十全遇见爱"原创征文大赛活动，吸引了众多文学爱好者的积极参与。微博话题阅读量超 1598 万，大赛组委会共收到散文、诗歌、微小说、微电影剧本等体裁的征文 905 篇。2025 年年初，中央电视台《新闻联播》报道了十全街以传统文化赋能城市更新，展现新时代风采的焕新举措。

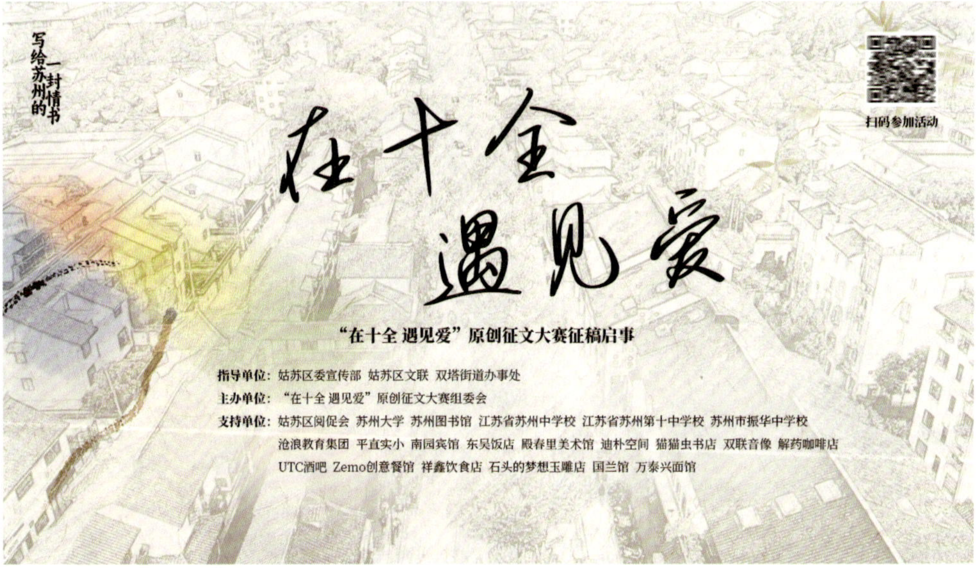

“在十全遇见爱”原创征文大赛海报

十全街相继推出文化品牌系列活动，并统一设计发布十全街 Logo 文创产品，比如“美丽店招美丽橱窗”“十全讲堂”“漫步十全·悦享古城”“乐团快闪”等一系列品牌活动。

十全街 Logo 文创及十全街导览手册系列（项目组供图）

十全街“内生”品牌逐渐走向全国。越来越多的特色小店和独立品牌入驻十全街，苏式生活、文化旅游等商业构成出现了多元化趋势。近年来，在区政府、双塔街道的推动下，十全街瞄准功能转换、产业转型、活力提升的发展路径，以优质产品筑牢文旅市场新优势，首店经济、网红经济等在十全街持续“迸发”，并以主街为中轴线向外延伸，联动周边街区实现共荣共生。更新后十全街的店面出租率高达 95%，这不仅是其商业繁荣的直接体现，也是其文化品牌影响力不断增强的有力证明。更值得一提的是，在十全街上孕育的本土品牌，如七分甜、福万斯柠檬茶等，已经逐渐走出苏州，走向全国。2024 年 6 月底，十全街经久不衰的初代网红红楼果汁铺的上海首家旗舰店在淮海中路开业。甜品店 fufuland 目前已在全国各地拥有几十家分店。

fufuland 北京首店

红楼果汁铺上海淮海路店

文化治理效应不断凸显，修复并培育街道社群关系网络。改造过程中所采用的共同缔造工作方法被持续沿用，融入共建、共享、共治的社会治理格局的构建。在这个格局下，政府、商家、居民等多方力量共同参与，共同开展公共区域认领、点亮橱窗、延迟店招熄灯时间等工作，这些措施不仅提升了街区的整体环境，也放大了街区夜经济效益。通过共同缔造的工作方法，十全街不仅修复了社群关系网络，还培育了居民的归属感和参与感。商家们积极参与街区治理，不仅提升了自身的经营环境，也为街区的整体发展贡献了自己的力量。居民们则通过参与街区活动，加深了对十全街文化的了解和认同，形成了良好的社区氛围。

特色底蕴，示范街区

十全街片区综合更新提升项目是一个以街道为载体，开展综合更新提升的项目，其理念方法、实施模式都为苏州其他街道的更新提升提供了一个样本。

在原则导向上，十全街片区综合更新提升项目自启动之初，便坚持“以人为本”的核心原则，将解决人民群众的迫切问题作为首要任务；以问题为导向，深入调研，识别到十全街步行环境差，行人安全得不到保障，且街道缺少停留空间等诸多不足。为此，项目组明确以“步行化”为改造方向，以人为先，进行路权重置，提升步行空间品质与行人的步行体验感。此外，在改造过程中，项目组更是将“轻扰动”原则贯穿始终，力求将对居民和商户日常生活的干扰降至最低，通过精心组织施工，避开居民出行高峰与商业营业时间，采取分段施工等措施，确保改造工作的顺利进行，同时也赢得了广大居民与商户的理解与支持。

改造后的进士桥

在理念方法上，坚持历史文化的保护与传承。项目组深入挖掘潜在历史文化资源，突出十全街的独特价值，将历史与现代、传统与新潮有

机融合，展示街道自身的特色。其中，十全河沿线的 14 座古桥成为改造的重点。项目组将这些古桥精心打造为小桥流水、粉墙黛瓦、树影婆娑的苏式水乡图景，“一桥一故事，一桥一场景”，这些古桥不仅吸引游人，成为他们的打卡点，更成为传承历史文化、弘扬苏州精神的重要载体。

在更新机制上，形成了一套“政府引领—技术总控—市场运作—多元参与”的可持续更新模式。“十全街模式”采用专班协调推动更新提升工作、总师总控团队全过程把控、国企与商户发动自我更新、居民商户共同参与方案设计的四方参与模式，实现了政府、市场、社会等多方力量的有效整合与协同作战。

十全街是个好去处（顾长春摄）

目前，苏州全市正在推广十全街经验及建设 citywalk 友好城市。苏州古城正在谋划 22 条 citywalk 特色文化游线，并将以“十全街模式”对这些线路中的重点街道开展综合更新提升工程。已经开展更新改造的街道包括与十全街相邻的乌鹊桥路、平桥直街、凤凰街等，这些街道将结合地下管网更新改造等市政工程，进一步优化提升街道空间品质。此外，2024 年 6 月十全街重新开街以来，各地高校学生、专家学者、设计机构、其他城市的政府机关多次来到十全街考察调研。“十四五”国家重点研发计划“城市更新设计理论与方法”项目组以十全街改造为案例，开展城市更新规划设计的验证性实践研究。

十全街的改造，不仅赢得了口碑，更带来了实实在在的客群扩散效应，在这条充满温馨与活力的街道上，我们看到了更新规划、共同缔造的智慧与匠心，更感受到了城市的温度与民生福祉的质感。十全街如同一座桥梁，连接着过去与未来，也连接着本地与外地，吸引着越来越多的游客前来探访。这份持续的吸引力与影响力，为十全街未来的持续发展注入了强大的动力，也让我们对它的未来充满了无限的期待与憧憬。

在十全街相谈甚欢（陈奇摄）

嘿啰面包二楼阳台（ 成玉干摄）

十全河夜景（王曦摄）

共生理念下十全街的创新价值与未来展望

共生理念在十全街更新改造中的创新性价值

打破传统更新模式的局限

传统的城市更新模式往往侧重对物质空间的改造，多以政府或少数专业规划团队为主导，注重短期的建设成果，而容易忽视城市中多元主体的复杂需求及更新过程的可持续性。共生理念的引入为十全街的改造带来了全新的视角。

在十全街的更新改造中，共生理念打破了这种局限，将居民、商户、游客、政府、规划师等众多主体视为一个相互依存、协同发展的共生系统，更新改造不再是单方面的规划与执行，而是各方共同参与、共同缔造的过程。例如，在改造前期的规划阶段，项目组便广泛开展实地调研、问卷调查，召开座谈会，充分听取居民、商户的意见和诉求，识别核心问题。这种以人为本、问计于民的做法，确保了改造方案能够切实贴合不同群体的实际需求，避免了可能出现的“规划与实际脱节”问题，使得更新改造从一开始就扎根于这片土地上人们的真实生活中。

实现多元主体的和谐共生

共生理念的核心在于促进多元主体之间的和谐共生关系。在十全街，我们看到了这种关系的生动呈现。

居民们不再仅仅是城市更新的被动接受者，而是成为积极的参与者和受益者。通过参与街道的整治提升工作，如公共区域认领、点亮橱窗等活动，居民们不仅改善了自身的生活环境，还增强了对街道的归属感和认同感。

商户们在共生理念的引导下，也迎来了新的发展机遇。一方面，街道改造带来的环境提升、人流量增加等利好因素，直接促进了商户的经营效益；另一方面，商户们通过自主更新改造，如更新店铺装修、推出特色产品等，与街道的整体更新形成良性互动，共同塑造了十全街独特的商业氛围。

游客作为十全街的重要参与者，同样在共生式更新中扮演着关键角色。十全街改造后所呈现出的丰富文化体验、便捷的交通设施、舒适的步行环境等，吸引了大量游客前来，而游客的到访又进一步推动了当地的经济发展，促使更多的文化活动和商业新业态得以涌现。

政府在其中起到了引导、协调的作用，专业团队则起到了技术支持的作用，两者合作，通过搭建四方机制、制定规划设计等方式，保障了共生系统的有序运行，使得各方利益能够在更新改造过程中得到平衡与兼顾。

推动可持续发展的长效机制

可持续发展是城市更新的重要目标，而共生理念为十全街实现这一目标注入了强大的动力，构建起了长效发展的机制。

十全街通过共生式更新，形成了多元化的经济业态。传统的商业店铺与新兴的网红经济、首店经济等相互交融，不仅提高了街道的经济活力，还增强了其抵御市场风险的能力。例如，一些本土品牌在街道改造的助力下，逐渐走出苏州，走向全国，实现了经济的可持续增长。

共生式更新促进了社区凝聚力的提升。街道成为居民、商户、游客等共同交流、互动的平台，各种社区活动、文化节庆的举办，增进了人们之间的感情，营造了和谐的社会氛围。同时，十全街通过建立共建、共享、共治的长效治理机制，如成立“十全街党建联盟”、开展“共建净美家园”活动等，确保街道在改造完成后能够持续保持良好的发展态势，实现了社会层面的可持续发展。

共生式更新注重对历史文化资源的保护与传承，以及对生态环境的优化。在改造过程中，项目组秉持“轻扰动”原则，对古桥、古树等历史遗迹进行精心修复与保护，同时通过拓展小微公共空间、优化步行环境等举措，提升街道的整体环境品质，实现环境层面的可持续发展。

十全街夜景（王志明摄）

十全街夜景航拍图（张毅峰摄）

十全街基于共生理念的未来展望

科技赋能下的共生发展

随着科技的日新月异，十全街有望在未来进一步借助科技的力量，深化共生理念的实践。

智能技术将为居民、商户和游客带来更加便捷的体验。例如，利用人工智能和大数据分析，街道管理者可以更精准地了解人流量分布、消费偏好等信息，从而优化商业布局、调整活动安排，更好地满足各方需求。

商户们可以借助 VR 和 AR 技术，为顾客提供更加沉浸式的购物体验，如虚拟试衣、虚拟游览店铺等。游客则可以通过智能导览系统，轻松获取街道的历史文化知识、导航信息等，提升游览的趣味性和知识性。

同时，科技也将助力街道的可持续发展。比如，通过安装太阳能路灯、雨水收集系统等环保设施，实现能源的节约和水资源的循环利用；利用物联网技术对街道的基础设施进行实时监测，及时发现并解决设施损坏、环境破坏等问题，确保街道环境得到良好维护。

灯火阑珊雨中行（张明发摄）

文化传承与创新的持续深化

十全街深厚的文化底蕴是其独特的魅力所在，未来共生理念将继续推动文化传承与创新的深度融合。

十全街将进一步挖掘其历史文化故事、传统技艺等，举办更多的文化活动、展览、讲座等，将这些宝贵的文化财富传承下去。例如，定期举办“十全街历史文化节”，邀请专家学者、民间艺人等参与，展示苏式传统手工艺制作过程，讲述十全街的历史变迁等。

十全街夜景灯光（王曦摄）

同时，十全街鼓励文化创新，让传统文化在现代社会中焕发出新的活力。例如，设立文化创意产业园区或基地，吸引更多的文创企业和人才入驻，以十全街的文化元素为灵感，设计开发出更多新颖、独特的文创产品。十全街还推动文化与旅游、商业等产业深度融合，如打造“文化+旅游”的特色线路，游客在游览过程中不仅可以欣赏到十全街的美景，还能参与到文化体验活动中，购买到具有文化特色的商品，实现文化传承与经济发展的双赢。

拓展社区参与的广度与深度

未来，十全街将继续拓展社区参与的广度与深度，让更多的人参与到街道的发展中来，包括周边社区的居民、学校的学生、企业的员工等。通过开展志愿者活动、社区共建项目等形式，鼓励大家为街道的发展贡献力量。例如，组织学生参与街道的环境美化活动，培养他们的环保意识和社会责任感；邀请企业员工参与街道的文化活动策划，发挥他们的专业优势。

十全街还将进一步完善社区参与的机制和平台，让居民、商户等能够更加深入地参与到街道的规划和管理过程中。例如，建立线上社区议事平台，居民们可以随时随地在平台上发表意见、提出建议，参与街道重大事项的讨论；同时，加强对社区参与效果的评估和反馈，根据大家的意见和建议及时调整街道的发展策略，确保社区参与能够真正发挥作用，推动十全街朝着更加美好的方向发展。

十全窗前花（张惠摄）

应对新的挑战与机遇的适应性调整

在未来的发展过程中，十全街必然会面临各种各样新的挑战与机遇，而共生理念将指导街道进行适应性调整。

随着城市的发展，人口流动、社会需求、市场环境等因素都可能发生变化。十全街的持续改造将密切关注这些变化，及时调整战略。例如，如果出现新的消费趋势，如健康消费、绿色消费等，街道可以相应地引入相关的商业业态，满足消费者的需求；如果面临人口结构变化，如老年人口增加或年轻人口流入，街道可以有针对性地调整公共设施布局、文化活动内容等，以适应不同年龄段人群的需求。

同时，面对可能出现的自然灾害、公共卫生事件等突发情况，街道可以利用共生理念，整合各方资源，建立应急响应机制，通过政府、居民、商户、社会组织等多方合作，共同应对危机，保障街道的正常运行和居民的生命财产安全。

十全街花境一角（张毅峰摄）

十全街背影（王志明摄）

共生理念在十全街的更新改造中已经展现出了非凡的创新性价值，而在未来，它将继续引领十全街在科技赋能、文化传承与创新、

社区参与及应对新挑战与机遇等方面不断前进，书写更加辉煌的篇章。我们满怀期待地展望十全街在共生理念的指引下，成为一个更加和谐、繁荣、可持续发展的城市街区典范。

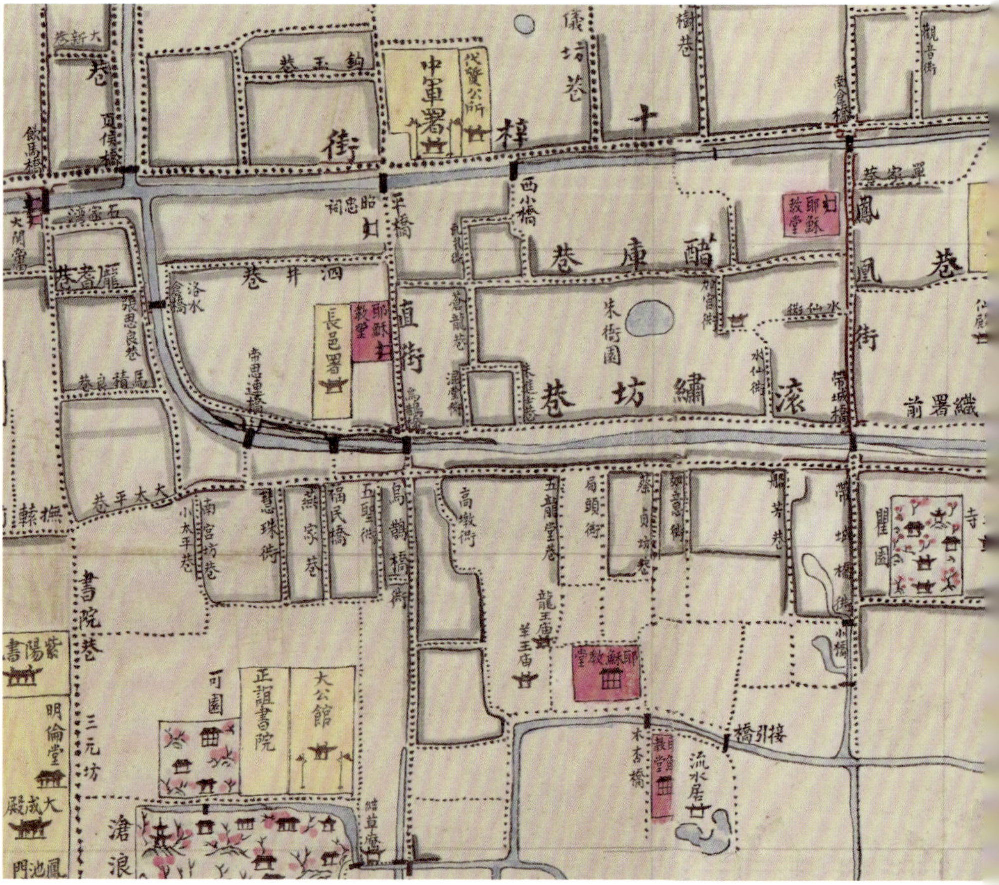
十梓街
中軍署
長邑署
耶穌教堂
醋庫巷
滾繡坊巷
鳳凰街
織署前
烏鵲橋街
書院巷
紫陽書院
明倫堂
大成殿
三元坊
可園
正誼書院
大公館
接引橋
流水居
滄浪

文化挖掘篇

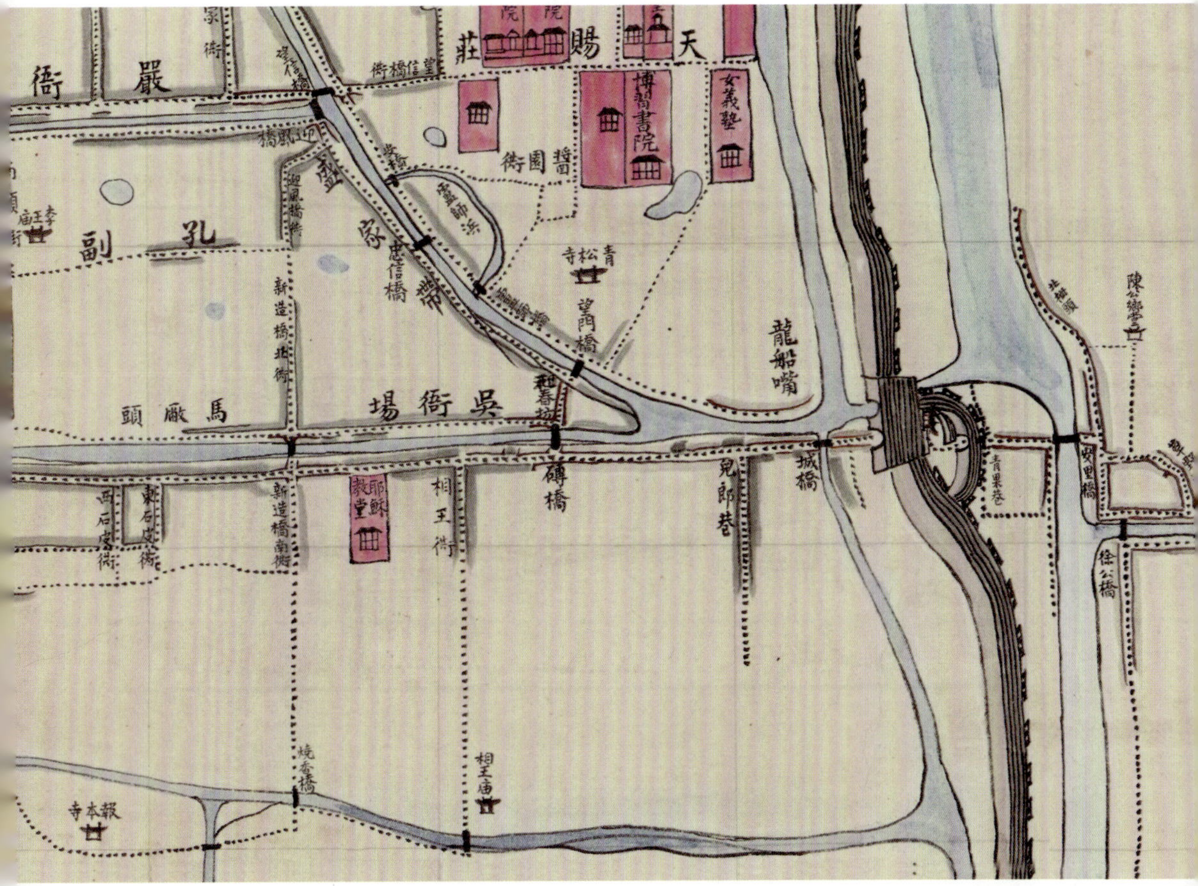

天賜莊
博習書院
女義塾
嚴衙
孔副
吳衙場
馬廠頭
龍船嘴
青松寺
望門橋
新造橋北街
新造橋南街
相王街
相王廟
報本寺
城橋
徐公橋
耶穌教堂

历史沿革

“十泉街”何时改名“十全街”?

关于十全街名称的来历，在现代出版物中，普遍的描述是地方官员为讨好乾隆皇帝，尊其“十全老人”的自号，将“十泉街”改名“十全街”。

那这个说法是真实的吗?

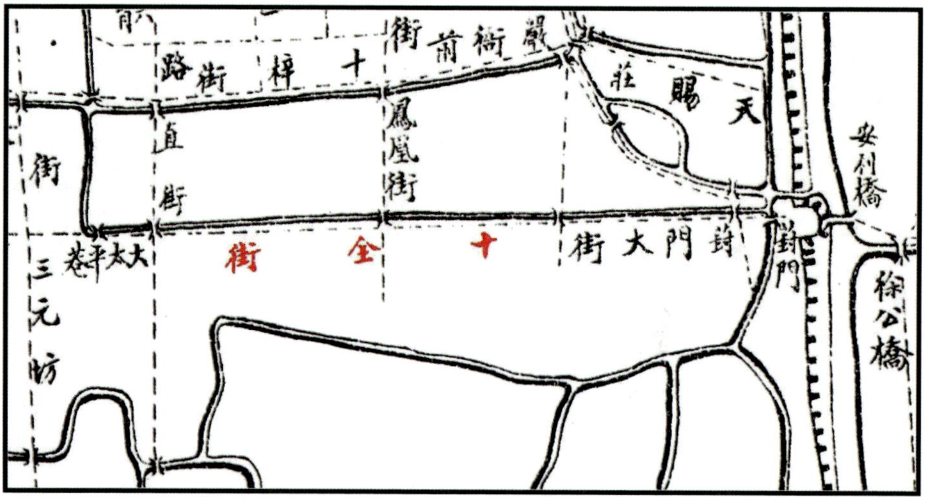

民国地图

1995 年出版的《苏州市志》描述：“清光绪年间，因乾隆帝晚年自号十全老人，故改为十全街。”也就是将改名十全街的年代，确定为“清光绪年间”。

然而，在1874年12月1日发行的《申报》中可见：“苏垣葑门内十全街有井一口。”1874年是清同治十三年。据此可知，清光绪年间改名说，有待商榷。

清乾隆十三年（1748）刻本《苏州府志》记载：“乌林人宅二，一在（织造）总局东；一在总局西，红板桥南十全街。”据此可知，“十全街”的名称在乾隆十三年已经有记载，而乾隆皇帝第一次南巡是在乾隆十六年（1751）。

因此，“十全街”名称究竟源于何时？又做何解？这些问题仍有待考证。

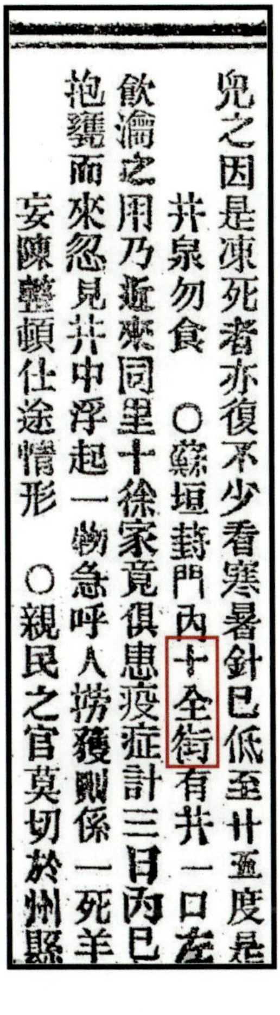
兕之因是凍死者亦復不少看寒暑針已低至廿五度是
井泉勿食　○蘇垣葑門內十全街有井一口左
飲濇之用乃近來同里十餘家竟俱患瘦症計三日內已
抱甕而來忽見井中浮起一物急呼人撈獲則係一死羊
妥陳鑿頓仕途情形　○親民之官莫切於州縣

1874年12月1日《申报》

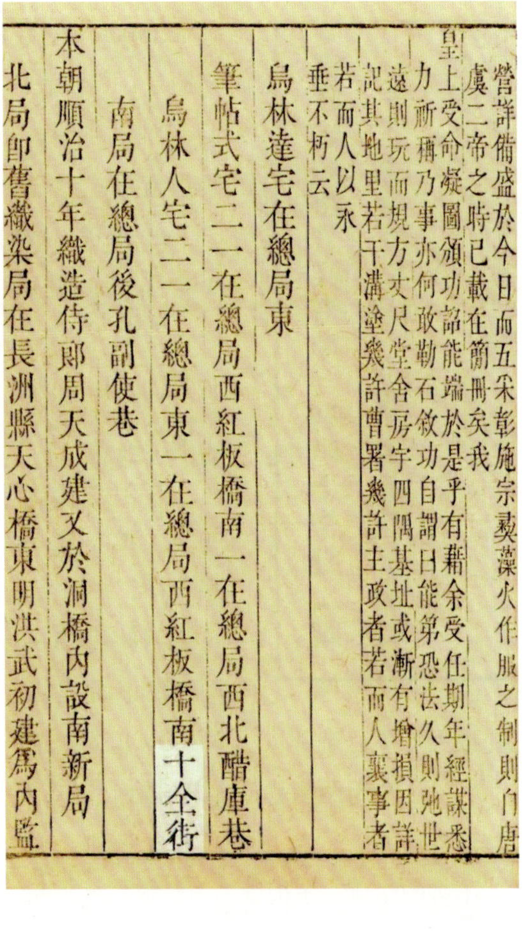
營詳備盛於今日而五采彰施宗彝藻火作服之制則自唐
虞二帝之時已載在簡冊矣我
皇上受命凝圖頌功諮能端於是乎有耕余受任期年經謀悉
力新稱乃事亦何敢勒石敘功自謂日能第恐去久則弛世
遠則玩而規方丈尺堂舍房宇四隅基址或漸有增損因詳
記其地里若干溝塗幾許曹署幾許主政者若而人裏事者
若而人以永
垂不朽云
烏林達宅在總局東
筆帖式宅二一在總局西一在總局西北醋庫巷
烏林人宅二一在總局東一在總局西紅板橋南十全街
南局在總局後孔副使巷
本朝順治十年織造侍郎周天成建又於洞橋內設南新局
北局即舊織染局在長洲縣天心橋東明洪武初建爲內監

清乾隆《苏州府志》

“晒煞十全街”之说，是因为街道狭长无树荫吗?

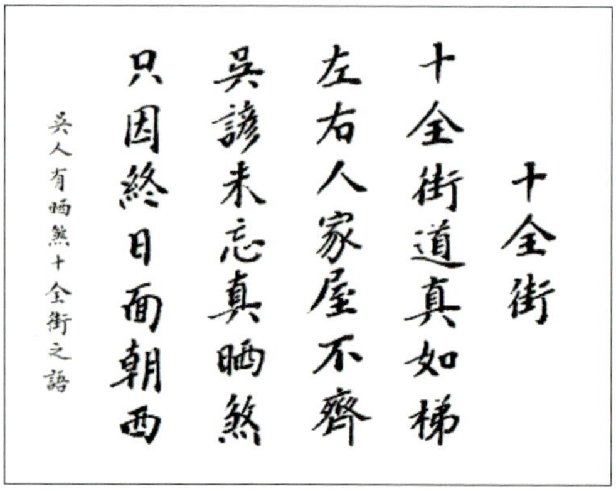
十全街

十全街道真如梯

左右人家屋不齊

吴諺未忘真晒煞

只因終日面朝西

吴人有晒煞十全街之語

《十全街》

十全街

十全街道真如梯，

左右人家屋不齐。

吴谚未忘真晒煞，

只因终日面朝西。

吴人有晒煞十全街之语。

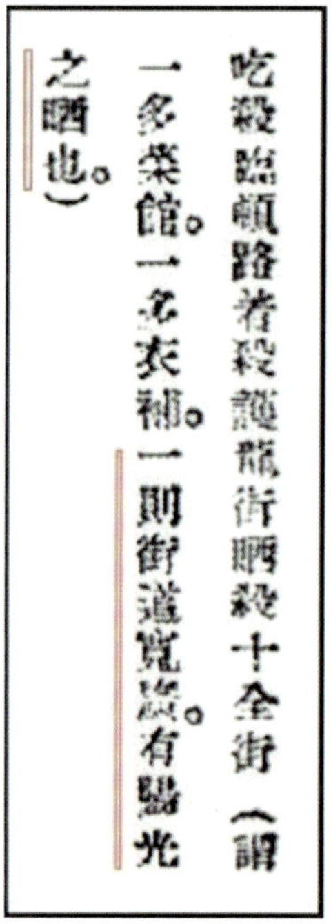
吃殺臨頓路着殺護龍街晒殺十全街（謂一多菜館。一多衣補。一則街道寬廣。有陽光之晒也。）

《苏州快览》（1926年）

2007年出版的《苏州街巷文化》描述：“本街原是一条狭长的小巷，长达2000余米，由于狭小，两旁难以种树，夏天烈日当空，人行街上，头上晒得发烫。谚曰‘晒煞十全街’。”

2015年出版的《苏州市吴文化地名保护名录》（市区卷）描述：“拓宽前，因街道狭长（如清末之十全街，宽仅2米许，1936年才拓宽至3米），自葑门一路走来，无绿阴遮阳，民间因有‘晒煞十全街’之说。”

1926年出版的《苏州快览》描述：“吃杀临顿路，着杀护龙街，晒杀十全街（谓一多菜馆，一多衣补，一则街道宽广，有阳光之晒也）。”

据此可知，十全街并非因为狭长，没有种树而被晒。而是由于当时街道宽广，沿街有的店面或民居不是毗邻。另据1939年的报道，十全街已拓宽到12米。

十全街两侧栽植行道树始于1952年，系从镇江苗圃移植来的法桐（二球悬铃木）。至1957年，共栽种了425棵。如今，十全街是古城内为数不多的法桐一条街。

旧称“十泉街”，如今还有哪些古井可寻？

十泉街

玉虎牵丝说可怜，

街头琐事记难全。

当今好笑车薪水，

绠短何能汲十泉。

今名十全街，旧传有古井十口，故名，兼隶元和。

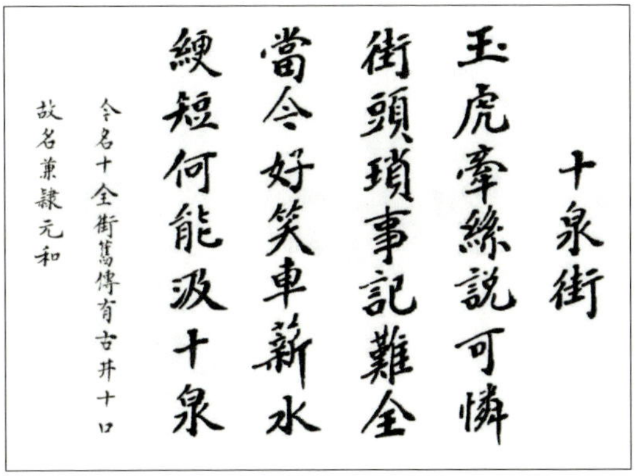

十泉街

玉虎牽絲說可憐

街頭瑣事記難全

當今好笑車薪水

綆短何能汲十泉

今名十全街舊傳有古井十口

故名兼隷元和

《十泉街》

十全街，为什么旧称“十泉街”？传说中的十口古井还在吗？

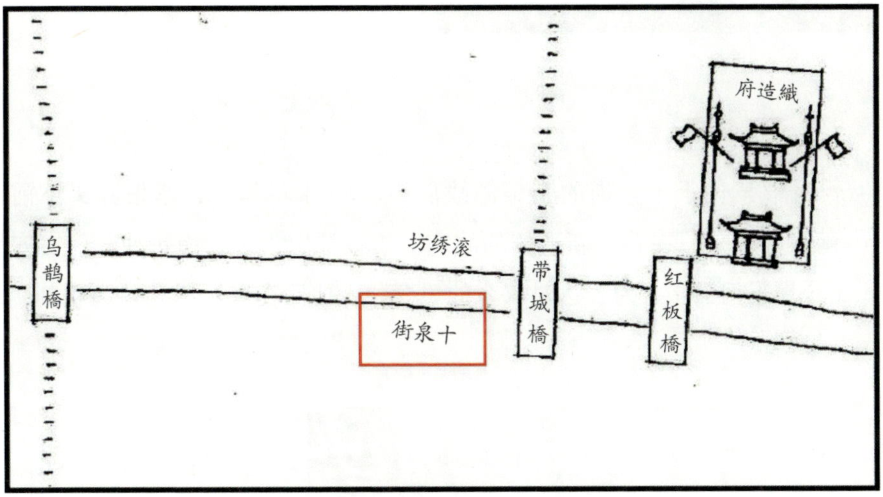

清嘉庆《苏郡城河三横四直图》

十全街的中段，自乌鹊桥至星（新）造桥，旧称“十泉街”。

清同治《苏州府志》载：“十泉街，旧传有古井十口，故名。兼隶长洲县。”

时过境迁，传说的十口古井如今已无迹可寻，历代尚存的古井也屈指可数。

如饴泉

如饴泉

该泉位于蔡贞坊巷，现南园宾馆内。系清末时期苏州仅存的10余处自治局官井之一，置于光绪三十四年（1908），为花岗石八角井圈。如饴泉的意思是泉水甘甜，像加了糖一样。

九保泉

该泉位于十全街的李根源故居中。1921年年末，李根源买下前云南学政姚文倬在葑门新造桥的故宅。李根源出生于云南腾冲九保右安街（今属梁河县），为表达对家乡的思念，入住后在青石八角井圈题刻“九保泉”。

九保泉

长寿泉

十全街有两处长寿泉，一口在五龙堂，另一口在羊王庙，浚于1934年。

五龙堂的长寿泉在一户民宅的窗外，为水泥砌双眼，井壁题刻“长寿泉”。

羊王庙前的长寿泉在河畔，现仍为周边居民洗涤使用。

长寿泉（五龙堂）

长寿泉（羊王庙）

苏州电汽厂第二公井

该井位于十全街带城实验小学校北，十全河南岸。1936年4月，该井由苏州电汽厂出资捐建，曾为苏州唯一的一座五眼公井，五眼按“十”字排列。1995年，十全街改造时，公井被填没，其上建起商业楼。

苏州电汽厂第二公井旧貌

曾名“友谊路”，十全街是一条对外友好的纽带

十全街曾名“友谊路”，是外国友人入住苏州的第一站，也是一条对外友好的纽带。

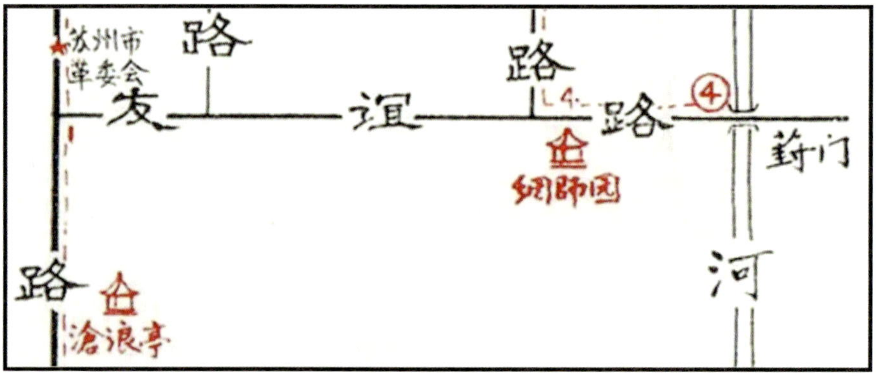

《苏州园林分布图》局部

新中国成立后，十全街中段先后开办三家涉外宾馆：南林饭店、南园宾馆、苏州饭店，形成著名的外事宾馆区。1966 年，十全街、大太平巷合称“友谊路”；1980 年，恢复名称为“十全街”。同时期，网师园也曾改名“友谊公园”，1974 年才恢复为“网师园”。

南林饭店

南林饭店大门

南林饭店位于十全河以北的滚绣坊 20 号，占地 35000 平方米。筹建于 1955 年，由 7 幢洋房别墅改造而成，1957 年 3 月开业。其址旧称“南林邨”，饭店由此得名。

南林饭店是苏帮菜的传承之地，很多名厨出自南林饭店，对推广苏帮菜起到了举足轻重的作用。

南园宾馆

南园宾馆位于十全街249号，占地48600平方米。宾馆初名“苏州市人民委员会外宾招待所”，1952年年初，由多幢别墅宅第改造而成；1955年，属市人民委员会交际处；1957年下半年，与南林饭店合并。

南园宾馆曾先后接待过数位外国领导人，如尼泊尔国王比兰德拉、新西兰总理罗伯特·马尔登等。

南园宾馆大门

苏州饭店

苏州饭店位于十全街345号。1952—1959年，十全街的3幢洋房公馆先后被改造为苏州地委高干招待所、苏州市人民委员会高干招待所、中共苏州地委会议招待所。1960年，这些招待所合并，且更名为“苏州饭店”。1976年，苏州饭店建造9层客房楼一幢，高38.2米，时为苏州第一高楼。

改造中的苏州饭店

苏州饭店曾先后接待过数位外国领导人，如柬埔寨亲王西哈努克、伯利兹总理曼努埃尔·埃斯基韦尔、卢森堡副首相雅克·普斯、爱尔兰总统希勒里等。

“神秘的十全街”重现百年前的街景

历史上的十全街是怎样的？尘封的两张民国年间的报纸所登载的一篇散文带着浓厚的人文色彩，生动地描绘了当时的街景。

1924 年 3 月 25、26 日，《苏民报》分上、下两期连载了由佩萸撰写的《神秘的十全街》一文，距今已百年。

神秘的十全街［上］

苏州有条十全街，东至葑门城门口，西至三元坊口，一条很长很直的街道，到过苏州的人都知道的。不过这条街为什么叫十全，我却不知道，我只知道是神秘的街道。神秘在那里，诸位看了后面一定会知晓的。

拳匪之乱以前，西洋各国有传道的人到中国内部来传道，苏州不免也有碧眼儿的足迹。这时的碧眼儿不像现在，大都不敢挺胸凸肚的走，一样要着了中国的衣服，戴了中国的帽子，最要紧的就是拖在背上的辫子。倘使不是这样装束，苦楚不知要吃多少，所以他们只好忍气吞声的拖条“Pigtail”，尚且还要受我们的讥笑，说他们是洋鬼子。但是他们却愿牺牲生命，到中国来传道的。首先到苏州来传道的有美国的监理公会和北长老会，他们的大本营却都在十全街新闸桥附近，还设立一所不完备的学堂。那时的人都很怀疑，恐怕要挖心肝、挖眼珠，相戒不入，所以不能发达。后来有个美国传道师，林乐之和孙乐文，在天赐庄上，点缀了一所大学。未立学校以前，天赐庄荒坟野草，葑门城外的农人，清早担了菜蔬到城里来，一定要合了同伴方始敢走，因为那里有“背娘舅”的。因此，十全街是苏州基督教的发祥地。

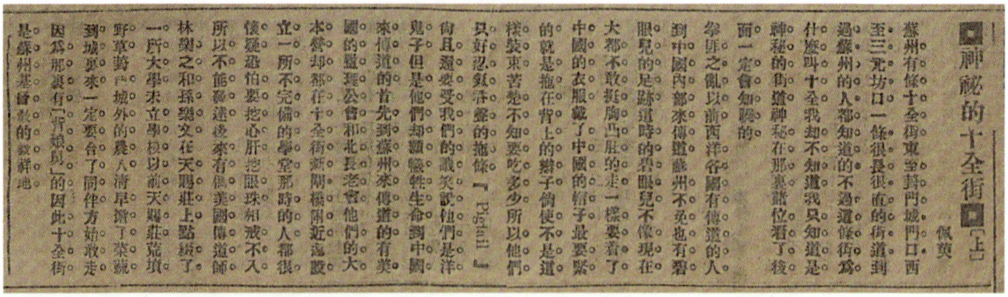
神秘的十全街［上］　佩萸

蘇州有條十全街東至葑門城門口西至三元坊口一條很長很直的街道到過蘇州的人都知道的不過這條街爲什麼叫十全我却不知道我只知道是神秘的街道神秘在那裏諸位看了後面一定會知曉的

拳匪之亂以前西洋各國有傳道的人到中國內部來傳道蘇州不免也有碧眼兒的足跡這時的碧眼兒不像現在大都不敢挺胸凸肚的走一樣要着了中國的衣服戴了中國的帽子最要緊的就是拖在背上的辮子倘使不是這樣裝束苦楚不知要吃多少所以他們只好忍氣吞聲的拖條「Pigtail」尙且還要受我們的譏笑說他們是洋鬼子但是他們却願犧牲生命到中國來傳道的首先到蘇州來傳道的有美國的監理公會和北長老會他們的大本營却都在十全街新閘橋附近設立一所不完備的學堂那時的人都很懷疑恐怕要挖心肝挖眼珠相戒不入所以不能發達後來有個美國傳道師林樂之和孫樂文在天賜莊上點綴了一所大學未立學校以前天賜莊荒墳野草葑門城外的農人淸早擔了菜蔬到城裏來一定要合了同伴方始敢走因爲那裏有「背娘舅」的因此十全街是蘇州基督教的發祥地

《苏民报》（1924 年 3 月 25 日）

神秘的十全街［下］

光复以前，苏州的女学堂是不多的，但是十全街上的振华女学，却已创办好久了。创办的人，就是天足会会长黄三太太，伊是很热心于新教育的，伊的两位女儿也受过新教育，现在还当教员。黄三太太见着缠足的苦，就提倡解放，发起天足会，但是伊自己却是三寸金莲。这时的教室就在大厅上，现在却迁到严衙前的新校舍里去了。那么十全街又是振华女学的发祥之地了，也可以说是女学发祥之地呢。迷信科举的苏州人，谁也不羡煞十全街上的彭家门弟，门前的旗杆林立，什么尚书第、状元第，占了十全街大地盘。第里的硬牌斋匾，不知其数，最可夸耀的就是照墙上四个“祖孙会状”，刻在方砖上的大字。当时威名赫赫，声誉隆隆，如今都成陈迹。但是有一样东西，至今尚是存在，就是彭氏小学，创办了二十五年，现在依旧蒸蒸日上。那么十全街，又是彭家发祥之地，也可是说科举发祥之地……

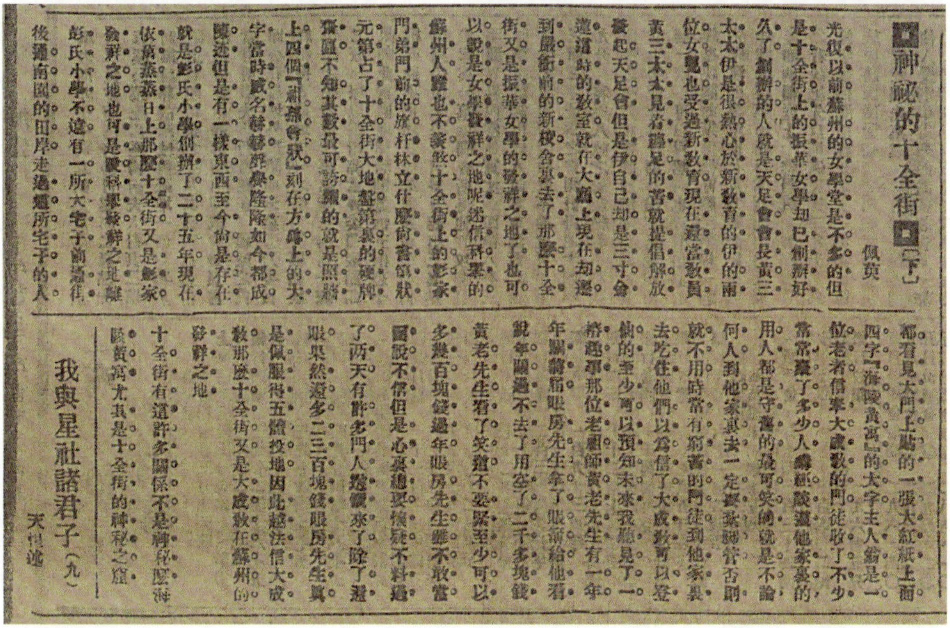

神秘的十全街［下］ 佩萸

光復以前蘇州的女學堂是不多的但是十全街上的振華女學却已創辦好久了創辦的人就是天足會會長黃三太太伊是很熱心於新教育的伊的兩位女兒也受過新教育現在還當教員黃三太太見着纏足的苦就提倡解放發起天足會但是伊自己却是三寸金蓮這時的教室就在大廳上現在却遷到嚴衙前的新校舍裏去了那麼十全街又是振華女學的發祥之地了也可以說是女學發祥之地呢迷信科舉的蘇州人誰也不羡煞十全街上的彭家門弟門前的旗杆林立什麼尚書第狀元第占了十全街大地盤第裏的硬牌齋匾不知其數最可誇耀的就是照牆上四個「祖孫會狀」刻在方磚上的大字當時威名赫赫聲譽隆隆如今都成陳迹但是有一樣東西至今尚是存在就是彭氏小學創辦了二十五年現在依舊蒸蒸日上那麼十全街又是彭家發祥之地也可是說科舉發祥之地離彭氏小學不遠有一所大宅子前幾年往後邊南園的田岸走過這所宅子的人都看見大門上貼的一張大紅紙上面四字『海陵黃寓』的大字主人翁是一位老者信奉大成教的門徒收了不少常常聽了多少人稱頌讚他家裏的用人都是守舊的最可笑的就是不論何人到他家裏去一定要叩首否則就不用時常有窮苦的門徒到他家裏去吃住他們以為信了大成教可以登仙的至少可以預知未來我聽見了一椿趣事那位老祖師黃老先生有一年年關將届賬房先生拿了賬簿給他看說年關過不去了用空了二千多塊錢黃老先生看了笑道不要緊至少可以多幾百塊錢過年賬房先生雖不敢當面說不信但是心裏總要懷疑不料過了兩天有許多門人送錢來了除了還賬果然還多二三百塊錢賬房先生真是佩服得五體投地因此趁法信大成教那麼十全街又是大成教在蘇州的發祥之地

十全街有這許多關係不是神秘麼海陵黃寓尤其是十全街的神秘之窟

我與星社諸君子（九） 天恨述

《苏民报》（1924年3月26日）

街巷里弄

二郎巷——本地风光谈掌故

一溪风月亭

二郎巷在十全街东端，北出十全街，南抵南园河，东傍内城河，西邻振华中学，巷长441米。旧时，巷内中北段旧有二郎神庙，故名。习称“宜兰巷”“尼兰巷”等。巷内原有多座庵堂小庙，其中，宋氏家庵由民国时期大律师宋铭勋家族所建。另有茅山堂、潜修庵等。1980年起，庙堂全部拆除，筹建住宅小区。

清同治《苏州府志》载：“二郎巷，新造桥东南。”民国《吴门坊巷待辅吟》的《二郎巷》诗曰：“人生行乐及时宜，社鼓鼕鼕报赛期。本地风光谈掌故，二郎巷以二郎祠。”后记“在十全街”。

二郎巷尚存紫竹庵（又称“潜修庵”）旧址的古银杏树一棵，高约10米的瓜子黄杨一棵。

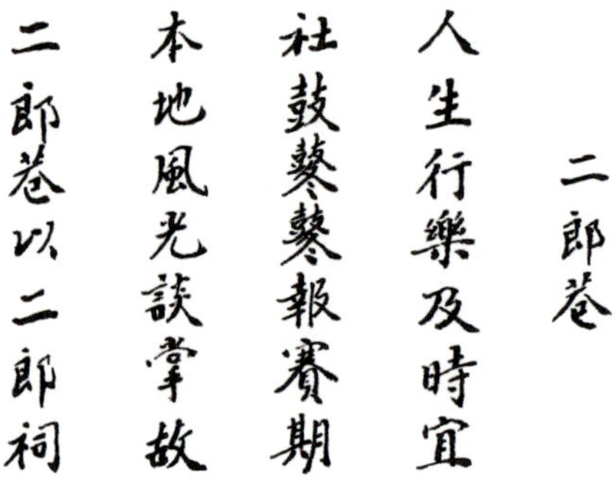

《二郎巷》

尚书里——擫笛沧浪旧思赊

尚书里北出十全街，南连彭义里，长 210 米。旧称“苏家巷”，清同治《苏州府志》载：“苏家巷，新造桥东南，宋苏舜钦居此，因名。”因地处清乾隆时兵部尚书彭启丰“尚书第”所在，亦称“尚书里”。1966 年，改称“向农一弄”。1980 年，恢复名称“尚书里”。

民国《吴门坊巷待辅吟》的《苏家巷》诗曰：“擫笛沧浪旧思赊，低徊冷巷认苏家。访君遗迹知何处，邻寺钟声杂晚鸦。”后记“宋苏舜卿居此，因名。在新造桥东南，今相王庙弄东，近堙”。

苏舜钦像

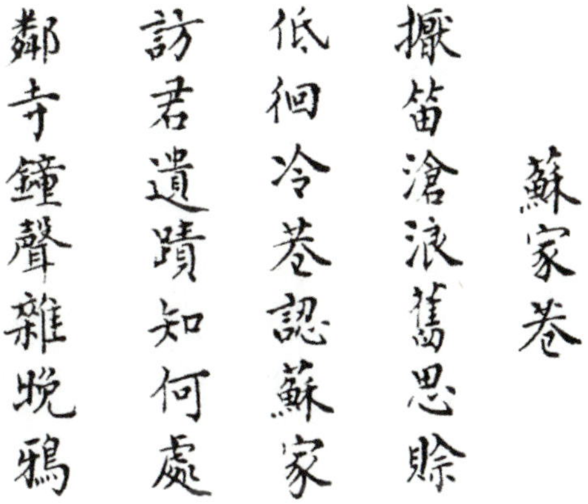

蘇家巷

擫笛滄浪舊思賒
低徊冷巷認蘇家
訪君遺蹟知何處
鄰寺鐘聲雜晚鴉

《苏家巷》

彭义里——零落书香成一欢

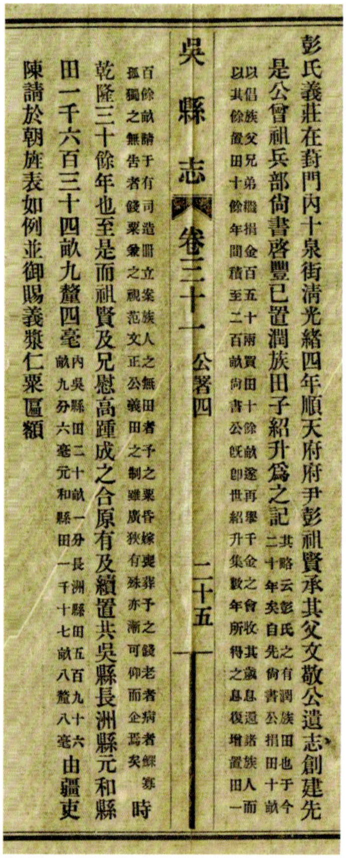

彭氏義莊在葑門內十泉街清光緒四年順天府府尹彭祖賢承其父文敬公遺志創建先
是公曾祖兵部尚書啓豐已置潤族田子紹升爲之記其略云彭氏之有潤族田也于今二十年矣自先尚書公捐田十畝以倡族父兄弟繼捐金百五十兩買田十餘畝遂再舉千金之會收其贏息還諸族人而以其餘置田十餘年間積至二百畝尚書公既即世紹升集數年所得之息復增置田一

吳縣志 卷三十一 公署四 二十五

百餘畝請于有司造冊立案族人之無田者予之粟昏嫁喪葬予之錢老者病者鰥寡孤獨之無告者錢粟兼之視范文正公義田之制雖廣狹有殊亦漸可仰而企焉矣時
乾隆三十餘年也至是而祖賢及兄慰高踵成之合原有及續置共吳縣長洲縣元和縣
田一千六百三十四畝九釐四毫內吳縣田二十畝一分長洲縣田五百九十六畝九分六毫元和縣田一千十七畝八釐八毫由疆吏
陳請於朝旌表如例並御賜義漿仁粟匾額

民国《吴县志》

彭义里东接尚书里南端，西出相王路，长 60 米。清乾隆时，彭启丰在尚书里西侧建彭氏宗祠及义庄，此处为南端义庄故址，因名“彭义里”。1966 年，改称“向农二弄”。1980 年，恢复名称“彭义里”。1984 年，苏州饭店在其南部建职工宿舍楼，现为居民小区。

民国《吴县志》载：“彭氏义庄，在葑门内十泉街。清光绪四年，顺天府府尹彭祖贤承其父文敬公遗志创建。先是，公曾祖兵部尚书启丰已置润族田，子绍升为之记。其略云：彭氏之有润族田也，于今二十年矣。自先尚书公捐田十亩[①]以倡，族父兄弟继捐金百五十两买田十余亩，遂再举千金之会，收其岁息，还诸族人，而以其余置田。十余年间，积至二百亩。尚书公既即世，绍升集数年所得之息，复增置田一百余亩，请于有司，造册立案。族人之无田者，予之粟；昏嫁丧葬，予之钱；老者、病者、鳏寡孤独之无告者，钱粟兼之。视范文正公义田之制，虽广狭有殊，亦渐可仰而企焉矣。时乾隆三十余年也。至是，而祖贤及兄慰高踵成之。合原有及续置，共吴县、长洲县、元和县田一千六百三十四亩九厘四毫。内吴县田二十亩一分，长洲县田五百九十六亩九分六毫，元和县田一千十七亩八厘八毫。由疆吏陈请于朝，旌表如例，并御赐‘义浆仁粟’匾额。”

---

① 清代江南地区的一亩若按官方标准约为614.4平方米，老按“小亩”，则约为540平方米。

相王路——南家酹酒北吹笙

相王路北起十全街，南出竹辉路，长 580 米。中段路东侧有赤阑相王庙，故名。民国《吴县志》载：“相王巷，康熙《志》新造桥东南，案：俗呼相王弄。”曾名“相王巷”“相王弄”“相王庙弄”等。1966 年，改称“向农三弄”。1980 年，改回“相王弄”。1987 年，拓宽后改称“相王路”。

相王路现存清中期的相王庙及古碑、古树等。

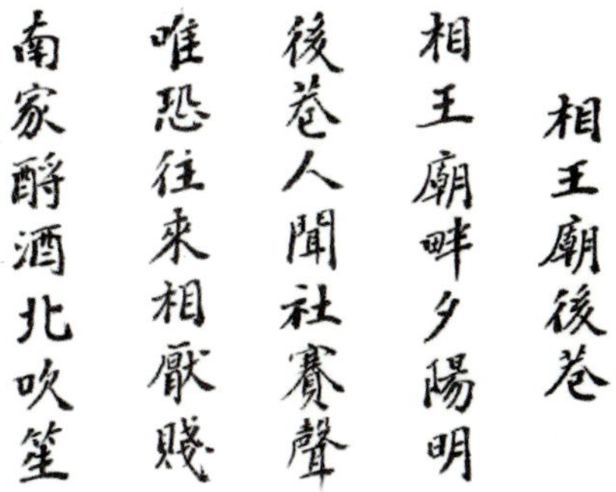
相王廟後巷
相王廟畔夕陽明
後巷人聞社賽聲
唯恐往來相獻賤
南家酹酒北吹笙

《相王庙后巷》

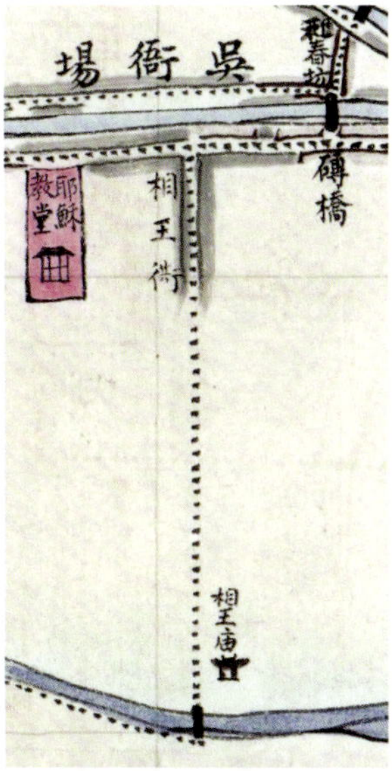

清代地图

南石皮弄——“破”字不雅拆“石皮”

南石皮弄一长一短，皆北出十全街，旧称“东石皮弄”和“西石皮弄”。东弄南至西烧香桥，长 639 米；西弄仅长 34 米，弄底住居民，弄不通。旧时，弄内为茅棚陋舍，破败不堪，呼之为“破弄”。“破弄”名不雅，以拆字法称“石皮弄”。1980 年，因调整街巷重名的情况，改称“南石皮弄”。

西烧香桥

网师巷——曲巷园林如复古

网师巷北出十全街，南接阔家头巷，长285米。因临网师园，故名。民国《吴县志》载：“黄师巷，康熙《志》作带城桥西南，误。实在桥东南。元和《志》作网师巷。同治《志》今名网师巷。”黄师巷，俗称“王思巷”，本为“网师巷”的谐音。民国《吴门坊巷待輶吟》的《网师巷》诗曰：“斜晖频向绿阴移，人破闲时即赋诗。曲巷园林如复古，网师应是唤黄师。”后记“旧名黄师巷，在带城桥西”。

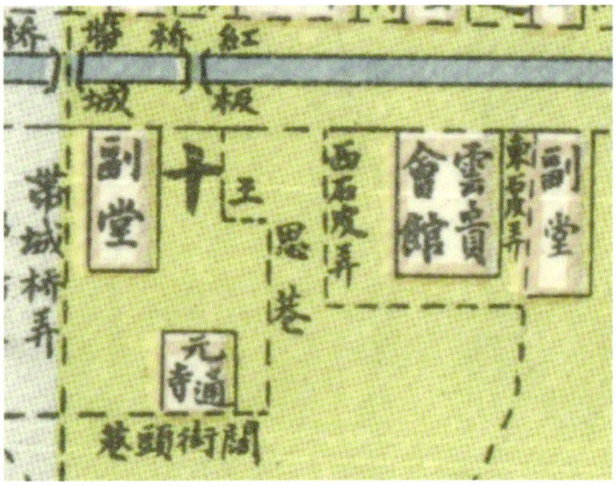

《新测苏州城厢明细全图》（1914年）

清末民初，因东侧云贵会馆经此巷出入，曾称“会场巷”。“文革”时期，改名“友谊园弄”，后恢复名称“网师巷”。

阔家头巷——径行旧日城南路

阔家头巷东接网师巷南端，西出带城桥路，长191米。因有南宋淳熙年间始建的圆通寺，古称“圆通巷”。民国《吴县志》载：“阔阶头巷，带城桥东南。康熙《志》阶作街，云在桥西南，误。”民国《吴门坊巷待輶吟》的《阔阶头巷》诗曰：“鸡犬相闻小住佳，野人惯作野生涯。径行旧日城南路，窄巷何来唤阔阶。”后记“在带城桥西”。

阔家头巷

阔家头巷里有列入世界文化遗产的网师园，重建于清代的圆通寺、清代诗人沈德潜故居等。

带城桥路——冷巷萧条日已晡

带城桥路北起十全街，正对带城桥，南至竹辉路，长 595 米。原名“带城桥弄”，南至永福桥，1989 年拓宽延伸。

民国《吴县志》载：“带城桥巷，带城桥直南。”民国《吴门坊巷待辖吟》的《带城桥巷》诗曰：“昔人遗迹半荒芜，冷巷萧条日已晡。觅遍志书无著录，循名只合带城呼。”

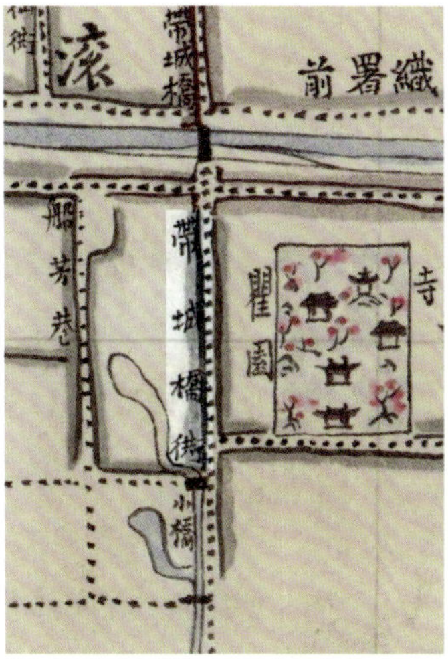

清代地图

船舫巷——只余古巷号今名

船舫巷在带城桥西南，北出十全街，向南折东三曲，出带城桥弄。原长 157 米，在 20 世纪 80 年代的街坊改造中，因三曲段建房，仅存南园宾馆东侧和带城桥路各一段，现为居民区。

民国《宋平江城坊考》载：“船坊，《吴郡志》著录：船坊桥，《姑苏志》：带城桥西。卢《志》著录：船坊巷，《姑苏志》：带城桥西南。又卢《志》《吴地记》云：石龙在龙坛里，即上元乡，其坛并潭犹存。今龙堂水南之地，皆为蔬圃，名定花板。昔人于旱岁在金氏船坊水底见之，其石方不踰丈，中作钱文，四角有云气，但以涂泥，不得详辨耳。据此，则当时船坊确全在带城桥迤西一带。”

民国《吴门坊巷待辖吟》中的《船舫巷》诗曰：“暂时闲散替劳生，触处经行有屐声。旧日船坊已乌有，只余古巷号今名。”后记“在带城桥西南”。

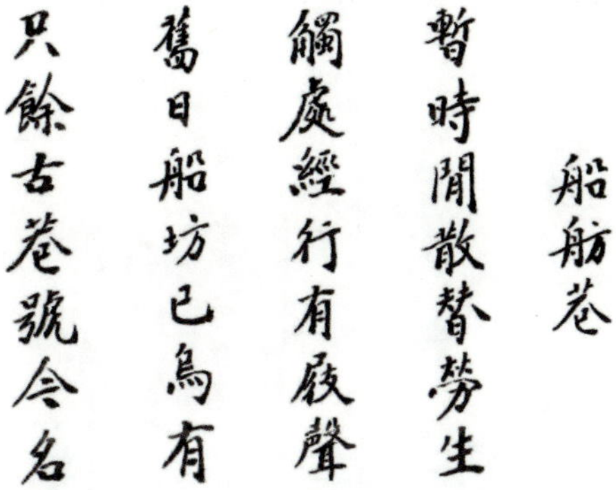

《船坊巷》

五龙堂——小巷邻桥兼近庙

五龙堂北出十全街，南通羊王庙，在南园宾馆西侧，长163米。旧称“五龙堂巷”，1966年改称“南林弄”，1980年定名“五龙堂”。东侧原为荒菜地，有道路通往青年会美籍总干事巴克蒙住所。1953年，由外事处筑围墙，划入南园宾馆。

巷内原有庙，称“五龙堂(灵济庙)”，故名。五龙堂旧时还有陆宣公祠，祀唐宰相陆贽。民国《吴门坊巷待辖吟》中的《五龙堂巷》诗曰：“旧时祈雨赛神忙，赚得家家爇瓣香。小巷邻桥兼近庙，命名应取五龙堂。”后记“在带城桥西南。按：石龙在乌鹊桥东，名龙坛，阖闾所造，今为五龙堂。庭外池中以石板覆五井，或云压太湖水怪，遇旱启板即雨。清乾隆二十四年大旱，巡抚陈宏谋祷而启板，立应。相传郡中逢亢旱，有司以虎骨投之，能暴雨不止。载《表隐》”。

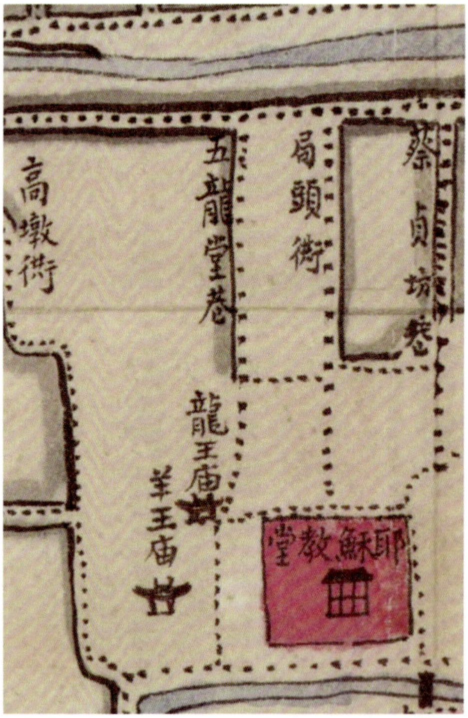

清代地图

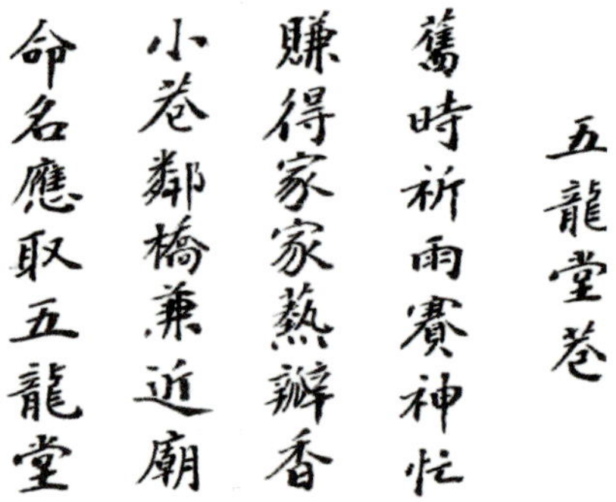

《五龙堂巷》

五龙堂巷

羊王庙——暖日如熏柳染烟

羊王庙东起带城桥路，中段北接五龙堂南口，西端折南与南阳街东口相接，长 405 米。巷内旧有奉祀晋代太傅羊祜的羊太傅庙，故名，亦称“羊王庙前”“羊王庙弄”，1966 年改名“向阳新村”，1988 年定名“羊王庙”。

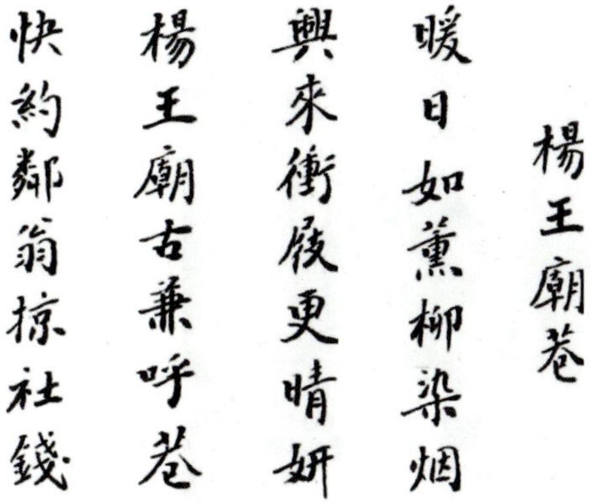

《杨王庙巷》

民国《宋平江城坊考》载：“杨王庙巷，卢《志》列觉报寺巷后，疑羊王庙巷之剥文。”民国《吴门坊巷待辅吟》中的《杨王庙巷》诗曰：“暖日如熏柳染烟，兴来冲屐更晴妍。杨王庙古兼呼巷，快约邻翁掠社钱。”后记“疑即羊王庙弄”。

新中国成立后，羊王庙后部分改为张小全剪刀厂，善庆禅院划归南园宾馆。

长虹弄——昔日乌鹊桥马弄

长虹弄在乌鹊桥路北段东侧，东偏南口在羊王庙，长 55 米。旧称“马弄”，原有庙供奉羊王庙马伕牵马塑像。马弄在苏州有多处，比如齐门外的马弄，此处为示区别常被称为“乌鹊桥马弄”。1980 年，改称“长虹弄”。

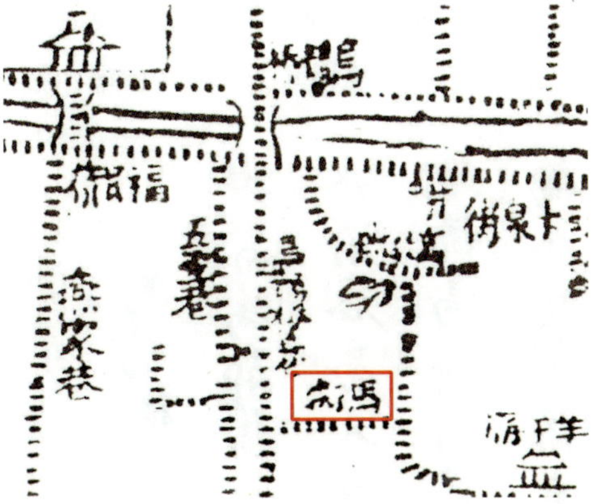
马弄（清乾隆《苏州城图》）

王鏊像

怀厚里——王鏊后裔堂名里

怀厚里在十全街南，五龙堂西侧，长 63 米，南端不通。原为明代大学士王鏊后裔的七进深大宅内备弄，旧时大厅有额“怀厚堂”，遂以名里。20 世纪 50 年代起，大宅散为民居，住户众多，出入频繁，于是揭去备弄屋面而成为露天里弄。

怀厚里尚存清代苏州三才子之一的王颂蔚及其妻教育家王谢长达故居，原王宅天井的罗汉松，经十全街拓路，已处于街边。

乌鹊桥路——与县为邻旧馆东

乌鹊桥路北起十全街，直对乌鹊桥，南至竹辉路，长 490 米。旧时，乌鹊桥南多大宅，几经兵燹，南段变为农田菜地。20 世纪 50 年代，苏州医学院征此地建宿舍区，复开拓成街道，南至南星桥东堍，长 332.8 米，称“乌鹊桥弄”。1990 年，拓宽延长到竹辉路，长 490 米，称“乌鹊桥路”。

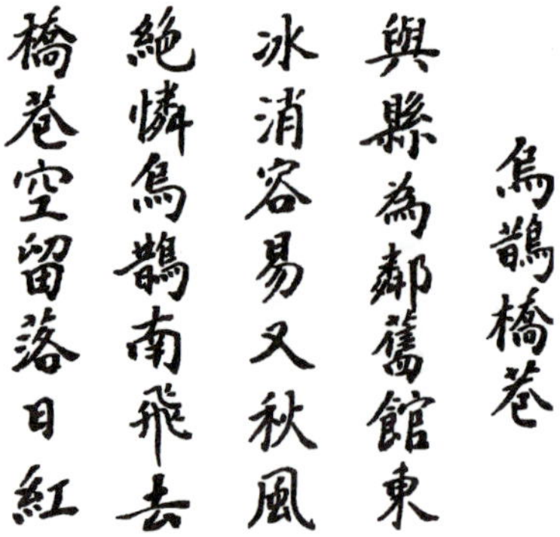

《乌鹊桥巷》

清同治《苏州府志》载：“乌鹊桥弄。”民国《吴县志》载：“乌鹊桥巷。”民国《吴门坊巷待輶吟》的《乌鹊桥巷》诗曰：“与县为邻旧馆东，冰消容易又秋风。绝怜乌鹊南飞去，桥巷空留落日红。”后记“在长洲县东”。

燕家巷——断云幽梦两无涯

燕家巷在乌鹊桥西南，北出十全街，南接燕家浜，长 150 米。旧时，巷东侧有燕国夫人庙，故名。

民国《宋平江城坊考》载：“燕家巷，卢王二《志》未著录，康熙《志》作燕家浜。同治《志》：燕家浜，旧称巷。燕国夫人庙，卢熊《志》：在府治东南燕家桥，吴孙权乳母陈夫人舍宅为通玄寺，同光中移今所，即今开元寺，亦有其祠。淳祐中，提刑胡颖拓四酒务隙地为射圃，凿河引桥下水北入圃内，于古墓得石函，上刻‘燕国夫人首级’六篆字，遽命碎之。旧传酒务本夫人宅，今奉祀者柳氏云。”

民国《吴门坊巷待輶吟》中的《燕家巷》诗曰：“断云幽梦两无涯，缓策羸骖巷陌斜。废宅苍凉人不见，一浜残日照燕家。”后记“一作燕家浜，在府治东南。燕国夫人庙为孙权乳母陈夫人立”。

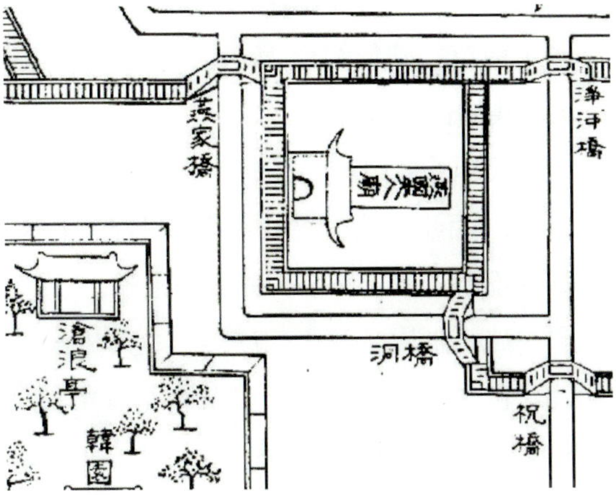

燕国夫人庙（宋《平江图》）

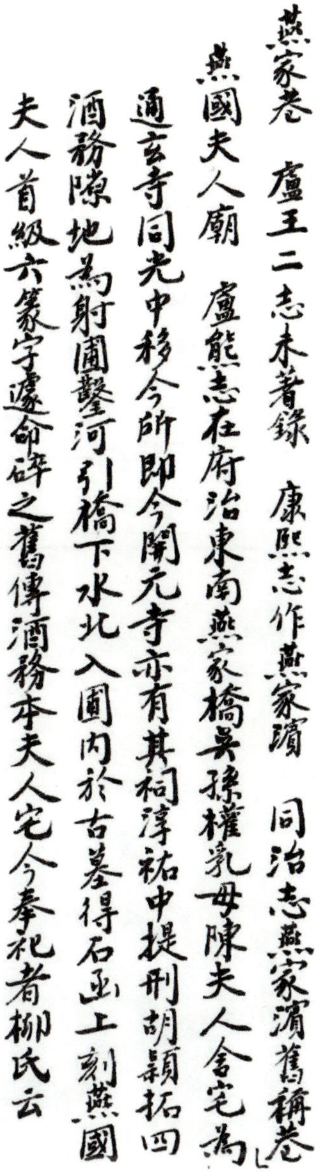
燕家巷 盧王二志未著錄 康熙志作燕家濱 同治志燕家濱舊稱巷
燕國夫人廟 盧熊志在府治東南燕家橋吳孫權乳母陳夫人舍宅為
通玄寺同光中移今所即今開元寺亦有其祠淳祐中提刑胡穎拓四
酒務隙地為射圃鑿河引橋下水北入圃內於古墓得石函上刻燕國
夫人首級六篆字遽命碎之舊傳酒務本夫人宅今奉祀者柳氏云

民国《宋平江城坊考》

慧珠弄——太平巷住太平人

慧珠弄在燕家巷西侧，北起十全街，原西端与南宫坊中段垂直相接，1974 年划入二六七厂扩建，弄遂不通。弄长 144 米，现为居民小区。

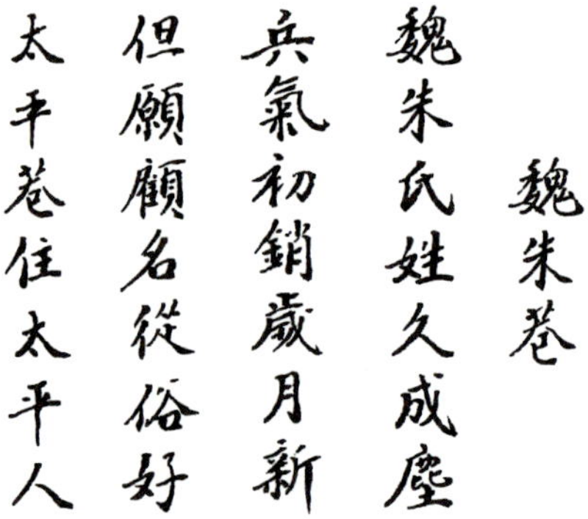

《魏朱巷》

民国《宋平江城坊考》载：“魏朱巷，卢《志》著录，康熙《志》作魏支巷，云俗名东太平巷。”民国《吴门坊巷待輶吟》中的《魏朱巷》诗曰：“魏朱氏姓久成尘，兵气初销岁月新。但愿顾名从俗好，太平巷住太平人。”后记“俗名东太平巷”。

百步街——多少先生自检书

共建百步街纪念碑

百步街北起盛家带，正对望星桥，南至吴衙场东口，正对百步桥。街长 59 米，约有百步，故名。1984 年 3 月，由沧浪市政工程队、葑门派出所、苏州大学、百步居委会协作，翻铺水泥六角道板路面。工竣于南口立碑作纪念，碑文曰：“文明礼貌月，共建百步街。”

民国《吴门坊巷待輶吟》的《百步街》诗曰：“百步街头试屐初，移家只合此中居。曙钟不断催人起，多少先生自检书。”后记“在砖桥北”。

百步街尚存东吴大学董事会董事长江长川故居、作家苏雪林故居。

吴衙场——世事如棋人似梦

吴衙场东起百步桥，西至星造桥，与带城桥下塘相连，总长384米。因明代刑部给事中吴之佳居此，故名。“文革”时期改称“丰收场”，1980年恢复今名。

民国《吴县志》载：“吴衙场，砖桥西北，刑科给事中吴之佳所居。”民国《吴门坊巷待輶吟》中的《吴衙场》诗曰：“谁家门巷占清华，善教桥东路不赊。世事如棋人似梦，一场赚得唤吴弄。”后记“在善教桥东北，为明给谏吴公美之住宅，故名”。

吴衙场尚存明代刑部给事中吴之佳故宅及树龄300余年的红豆树、清代的盐公堂旧址、东吴大学教务长徐景韩故居、国家女排主教练袁伟民旧居等。

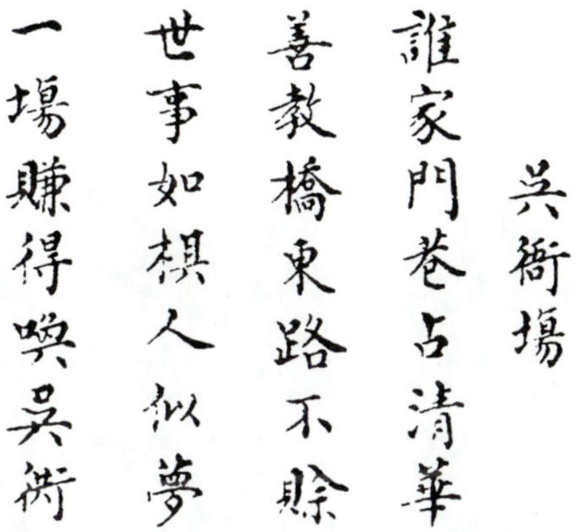

《吴衙场》

迎枫桥弄——旧雨无多怜往迹

迎枫桥弄东接吴衙场，西连带城桥下塘，南端在新造桥北堍，北端在望星桥西堍南侧，长 349 米。弄名出自望星桥西南的迎葑桥，后误为“迎风桥”“迎枫桥”，弄随桥名。弄本以孔付司巷口为界，北段称“迎枫桥弄”，南段称“新造桥弄”，1980 年统称今名。

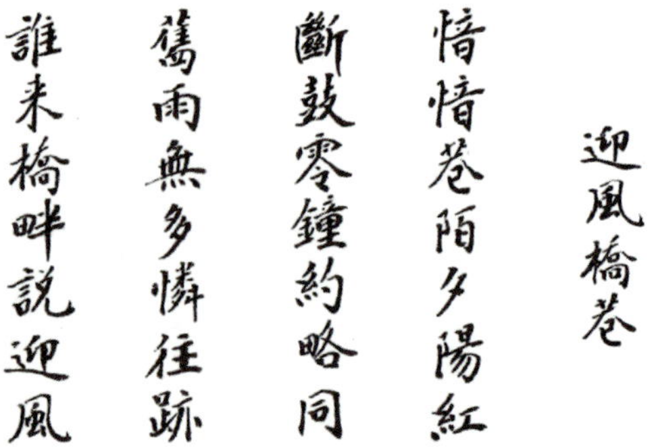

《迎风桥巷》

民国《吴县志》载：“新造桥巷，新造桥直北。”民国《吴门坊巷待輶吟》中的《迎风桥巷》诗曰：“愔愔巷陌夕阳红，断鼓零钟约略同。旧雨无多怜往迹，谁来桥畔说迎风。”后记“在望信桥西侧”。

带城桥下塘——织造府前花园巷

带城桥下塘东起星造桥，与吴衙场相连，西至凤凰街，与滚绣坊相对，长 448 米。巷中存织造府署旧址，故又称“织造府场”“织造府前”。

20 世纪 80 年代初，沿河建花坛 29 座，中段建过街花棚 20 米，并延伸至西口凤凰街，绿地连绵，时为全市首创，堪称“花园巷”。

带城桥下塘尚存宋代的花石纲遗物“瑞云峰”，明清时期的苏州织造署旧址、振华女学旧址等。

带桥城下塘旧貌

带城桥下塘

凤凰街——圣人不作殷忧在

凤凰街南抵十全街，与带城桥路相接，北出干将东路，长 1065 米。凤凰街以十梓街为界，南段原称“凤凰街”，北段旧称“甫桥西街”，1966 年合称“反修路”，1980 年定名“凤凰街”。1999 年拓宽改造至 30 米。

凤凰街原名“孔圣坊巷”，唐宋时有孔圣坊立于北口。民国《宋平江城坊考》载：“孔夫子巷，卢王二《志》均著录。孔圣坊，《吴郡志》：南仓桥南。卢《志》按续记云：旧有夫子庙在此，景祐中方割南园立学，俗称孔夫子巷。嘉泰初，遂以名坊。《云麓漫钞》：今平江府亦有孔夫子巷，盖崇观间兴三舍于此，建长洲县学，后罢舍法，学亦废。今基址如故，地则归临安裴氏，目为孔夫子巷。嘉泰改元，郡立坊名，不知考此，遂榜为孔圣坊。”民国《吴门坊巷待輶吟》中的《孔圣坊巷》诗曰：“寂寂城南大道旁，又携藤杖独相羊。圣人不作殷忧在，安得街头觅凤皇。”后记“今名凤皇街，俗称孔夫子巷，疑名误”。

凤凰街旧貌

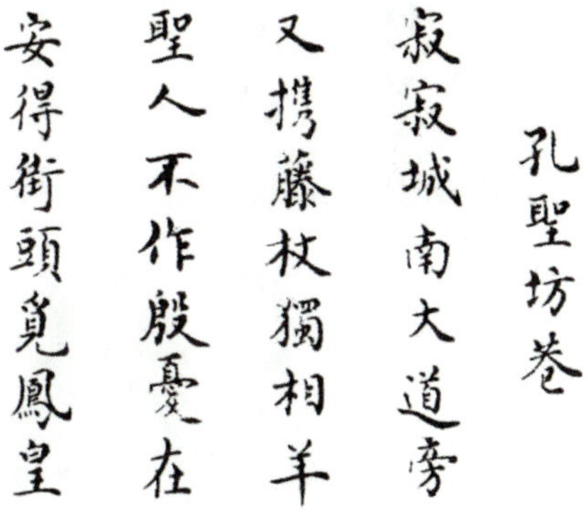

《孔圣坊巷》

甫桥西街原名“绣衣坊巷”，宋时，有牌坊立于南首。民国《吴县志》载：“辟疆小筑，在甫桥西街。道光二十年，顾明经沅建。”

凤凰街尚存苏州最古老的私家园林之一、晋代顾沅的辟疆小筑遗址，以及后移建的清代金石学家吴大澂及其孙书画家吴湖帆故居（原正门在十梓街）。

滚绣坊——应识居家元厚之

滚绣坊东起凤凰街，与带城桥下塘相对，西至乌鹊桥北塊平桥直街，与长洲路相对，长 462 米。古名“衮绣坊”，衮绣即指衮绣衣裳，为古代帝王及位列三公者所穿衣服。后世未究原义，讹为“滚绣坊”至今。

民国《宋平江城坊考》载：“衮绣坊巷，卢王二《志》均著录……衮绣坊，《吴郡志》：乌鹊桥北，以参知政事元绛所居得名。卢《志》续记云：太子少保元绛宅在带城桥。公尝参大政，引年归老是邦，知州张祐因以命名。《吴郡志》：元绛，字厚之，居带城桥。天圣五年进士，屡典大藩，以文章政誉名一时。神宗欲选翰苑之才，王荆公曰：有真翰林学士，恐不能用尔。遂自外召入翰林，未几，参知政事。事详在国史。后以太子少保致仕，还吴中，与程公辟诸公为九老会，乡人号其居曰衮绣坊。卒年七十余。有《玉堂集》三十卷。”民国《吴门坊巷待辖吟》中的《衮绣坊巷》诗曰：“为政风流记一时，治朝例作好贤诗。绣裳画衮题坊巷，应识居家元厚之。”

滚绣坊尚存吴氏继志义庄（现名“静思书院”）、画家顾仲华故居等。

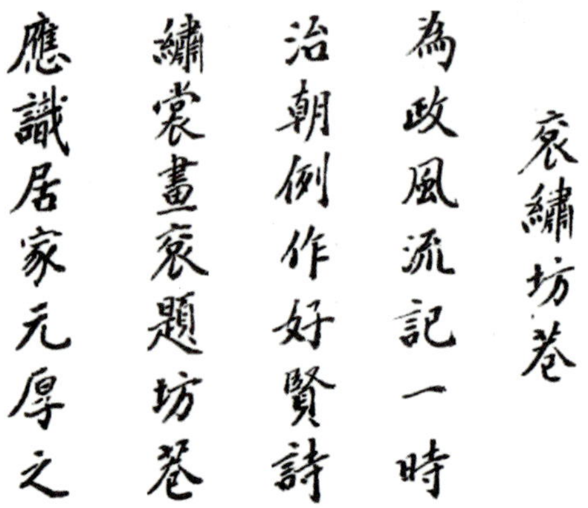

《衮绣坊巷》

滚绣坊

青石弄——花外听莺兴不禁

青石弄在滚绣坊中段北侧，南出滚绣坊，北为南林饭店院墙，长70米。巷口道路正中，曾有一块浮雕双鹤的碑帽青石，故名。

民国《吴门坊巷待辅吟》中的《青石弄》诗曰：“花外听莺兴不禁，偶担蛮榼酒频斟。当年青石知何许，犹向愔愔弄底寻。”后记“在水仙弄西”。

青石弄5号原为教育家叶圣陶在抗日战争前的故居，现为苏州杂志社。

青石弄

张思良巷——逸风古迹两茫茫

张思良巷南出十全街，北于仓桥西堍与石家湾相连，长184米。

民国《吴县志》载：“张思良巷，长洲县治西。”民国《吴门坊巷待辅吟》中的《张思良巷》诗曰：

“旧事重提欲断肠，逸风古迹两茫茫。搜罗志乘闲征遍，巷字思良旧姓张。”后记“在长洲县治西”。

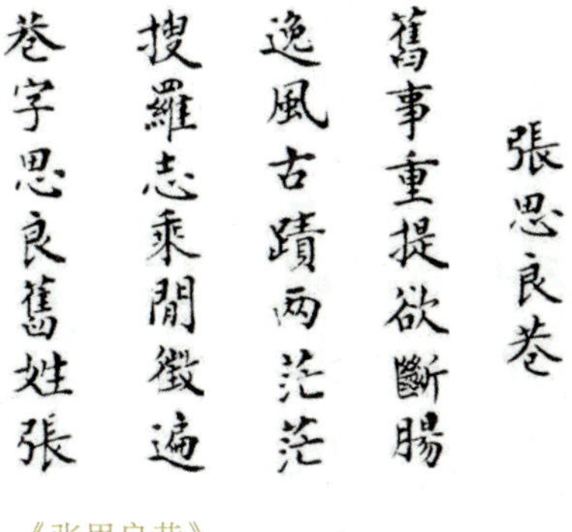

《张思良巷》

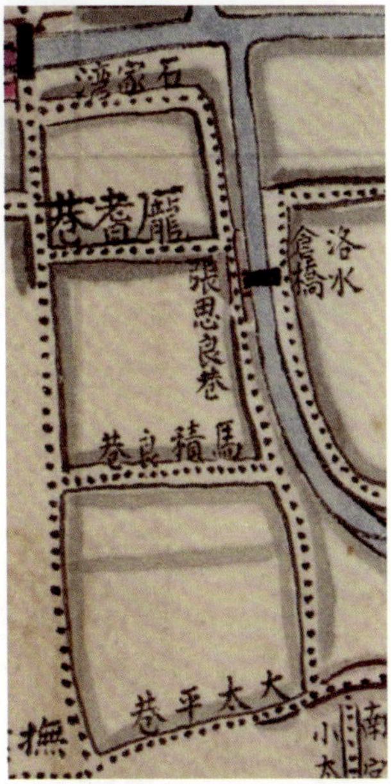

清代地图

平桥直街——甚处风光乃尔妍

平桥直街南自乌鹊桥北堍，北至十梓街，长 372 米。原系子城正门前大街，宋名“府前直街”，为提刑司、司法厅等官置所在。清代，称“直街”。民国时，改称“平桥直街”。1966 年，街并入五卅路，为五卅路南段。1992 年，与五卅路分开，恢复今名。

民国《吴门坊巷待輶吟》中的《平桥直街》诗曰：“杨花轻辊正吹绵，甚处风光乃尔妍。桥带人家平枕水，长街相对直如弦。”另有《府前直街》诗曰：“市楼栉比望峻嶒，风物饶人兴趣增。底事府迁留往迹，此街平坦直如绳。”后记“今名平桥直街”。又：“桥平似履府前东，衙退鸣珂日午中。醉尹不嫌街道直，紫蕉衫拂绿槐风。”后记“白诗：城阴一道直”。又：“苏州胜事我偏知，郡府优闲忆往时。太守出巡嘲五马，桥平街直可相宜。”

平桥直街

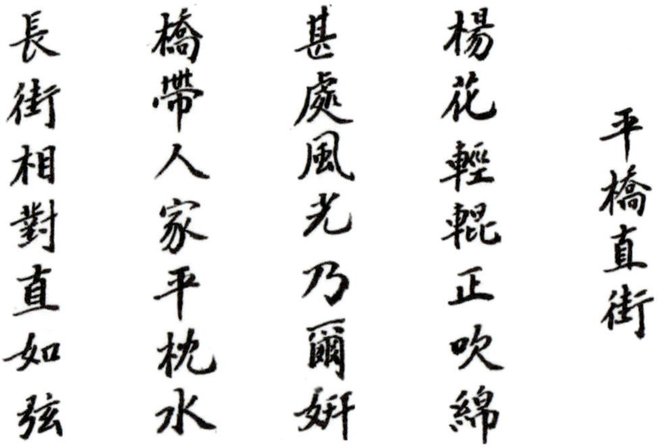

《平桥直街》

长洲路——县前依旧枕官河

长洲路东出平桥直街，西沿十全河折北，于仓桥东堍与泗井巷相连，长 445 米。明洪武元年（1368），置长洲县署于此，称“长洲县前”又称“长署前”。民国初期，改为今名。旧时，因长洲县衙前为石板平桥，官员乘轿、骑马通过便利，但桥低难以通舟，故民间有歇后语曰：长洲县前——难过。

长洲路有明清时期的长洲县衙旧址、民国时期的伯乐中学旧址、关夫子庙等。

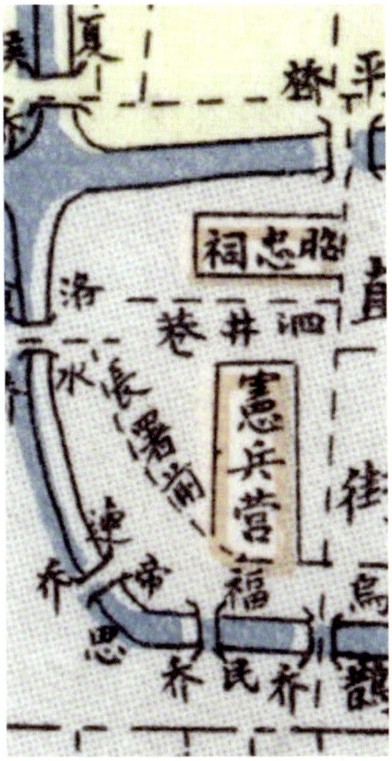

《新测苏州城厢明细全图》（1914 年）

长洲路与十全河转角处

吏舍弄——县衙吏役居东西

吏舍弄南出长洲路，向北折东出平桥直街，长 195 米。明清时，该处为长洲县衙吏役居住处，原名“东吏库”。长洲县衙西，原有西吏库（南出长洲路，北不通）。后西吏库撤销，东吏库改名“吏库弄”，1980 年改名为“吏舍弄”。弄内建筑多已改建，尚存不多的清代建筑。

“凤衔灵芝”山花

古今桥梁

帝赐莲桥——累得人前唤帝师

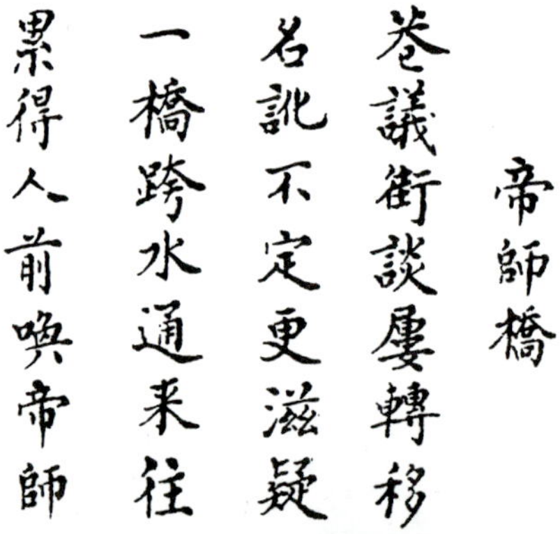

《帝师桥》

帝赐莲桥

帝赐莲桥在十全街北，跨十全河转角处。南连十全街，北接长洲路。帝赐莲桥，古称“帝师桥”“帝师里桥”“帝师连桥”“帝思连桥”“帝思莲桥”等。明正德《姑苏志》载：“帝师桥，长洲县西，宋咸淳间建。”

民国《吴门坊巷待辅吟》中的《帝师桥》诗曰：“巷议街谈屡转移，名讹不定更滋疑。一桥跨水通来往，累得人前唤帝师。”后记“今名帝师里桥，俗讹帝思莲桥，在义役仓桥东，宋咸淳间建”。

现桥为 1984 年改建，单孔石拱桥的拱券仍为青石原构，其余为花岗石。桥长 14 米，宽 3.2 米，跨径 4.8 米。

福民桥——莫道难过尽可过

福民桥在十全街北，跨十全河。南连十全街，北接长洲路。福民桥，在原长洲县县衙前。古称“可过桥”“孔过桥”“县前桥”等。

民国《吴门坊巷待輶吟》中的《县前桥》诗曰：“舟碍桥低唤奈何，县前依旧枕官河。来风剩与新词料，莫道难过尽可过。”后记“在旧长洲县前。卢《志》载：桥低不通舟。语云：长洲县前难过。宋淳祐中，县官改作，取韩吏部诗语名可过，因作可过桥。疑今呼孔过桥，或即可过音讹。”

现桥长 19 米，宽 3.9 米，跨径 5 米。桥东北堍现存一座“七宝如来经幢”。上部雕刻佛像，完好无损。

福民橋

清官伯律耆吳閶
愛掬甘棠不讓仁
為政廉明恩澤在
造橋猶自福吾民

《福民桥》

福民桥

乌鹊桥——更无人咏乐天诗

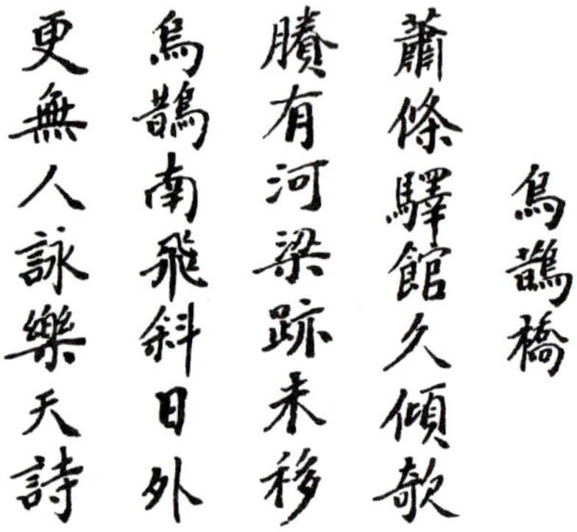

《乌鹊桥》

乌鹊桥在十全街北，跨十全河，南连乌鹊桥路，北接平桥直街。

北宋元丰《吴郡图经续记》载：“乌鹊桥，在郡前。旧传有古馆八，曰：全吴、通波、龙门、临顿、升羽、乌鹊、江风、夷亭。此桥因馆得名，白乐天诗尝及之。”明正德《姑苏志》载:“乌鹊桥，长洲县东，古有乌鹊馆因名。白乐天诗云:乌鹊桥红带夕阳。杨备诗：月满星移水照天，南飞乌鹊影翩翩。虽然上属牵牛分，不为秋河织女填。高启：乌鹊南飞月自明，恨通银汉水盈盈。夜来桥上吴娃过，只道天边织女行。”

民国《吴门坊巷待辅吟》中的《乌鹊桥》诗曰:“萧条驿馆久倾欹，剩有河梁迹未移。乌鹊南飞斜日外，更无人咏乐天诗。”后记“旧传古有乌鹊馆，桥因其馆得名，在长洲县东。按乐天诗尝及之，有乌鹊桥红带夕阳，又乌鹊桥高秋夜凉，乌鹊河头冰未消”。

乌鹊桥旧为高大的石拱桥，桥宽 6 米，长 30 米。1931 年 7 月，吴县建设局局长钱天鹏以乌鹊桥桥面既高，且有石级，车辆不能往来，行人亦感不便，提议改建，但未及实施。1933 年 7 月，城厢第二区公所再次

桥东西两侧水泥梁，蒋吟秋题写的桥名

提议改建，并组织改建乌鹊桥设计委员会，多次会商。后经建设局核准，由张桂记营造厂承揽工程改建。工程费1200余元，由建设局查案补助三分之一，其余款项由各委员分任劝募。

1934年4月11日，乌鹊桥开工改建，限期40个晴天完竣。6月6日，改建验收竣工。桥面上还装置对绷式电灯；大理石碑四块，均由蒋吟秋题写；桥名碑两块，《修桥记》和《收支款项》碑各一。桥东西两侧水泥梁上还有蒋吟秋题写的桥名。

此后，乌鹊桥曾多次修缮、改建。现桥为1987年3月由苏州市市政公用局改建，为钢筋混凝土单孔拱桥，长22米，宽13米，跨径6.5米。

原武康石的桥联嵌于新桥，东侧云：“雁齿重新，两岸弦歌铿茂苑；虹腰依旧，一湾烟月溯葑溪。”西侧云：“利涉同资，会看千秋湲渚北；嘉名永锡，每逢七夕忆淮南。”蒋吟秋题写的桥名石碑，嵌到两侧桥栏中部。

大理石桥铭

乌鹊桥

滚绣桥

滚绣桥——治朝例作好贤诗

滚绣桥在乌鹊桥东，北接滚绣坊，南出十全街，跨十全河，因北堍滚绣坊而得名。

现桥为 1994 年新建钢筋水泥单跨梁桥，跨度 6 米，宽 2 米，长 12 米。北堍石踏步 8 级，南堍为屋桥相连。

进士桥——犹识朱纨旧日居

进士桥北接滚绣坊，南出十全街，跨十全河。因滚绣坊西段北侧原有朱进士巷，为明代进士朱纨居处，故名“进士桥”。民国《吴门坊巷待辅吟》中的《朱进士巷》诗曰：“策蹇迢迢乐有余，霜风吹帽笑迂疏。谁家进士名题巷，犹识朱纨旧日居。”后记“在平桥直街，明进士朱纨所居，因名”。

1995 年 5 月，进士桥由原沧浪区重点工程指挥部建造，为花岗石单孔拱桥，跨度 6.9 米，宽 3 米。南北两侧分别为 7 级花岗石阶和 9 级花岗石阶，拱顶部雕刻双龙戏珠图案。

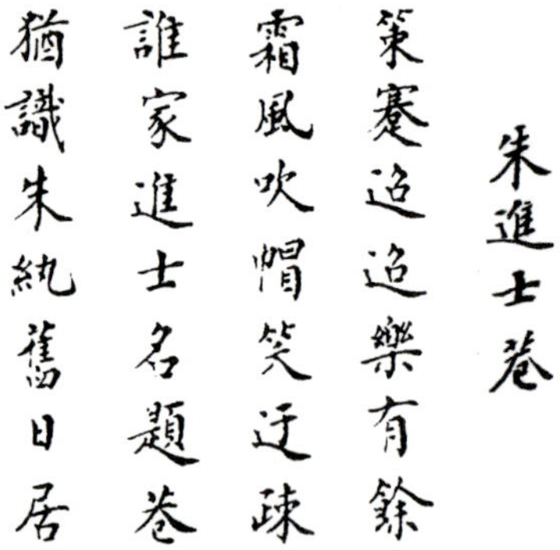

《朱进士巷》

进士桥

船场桥——鸭绿波柔日未斜

船场桥南连十全街，北接南林饭店，跨十全河。原跨第三横河分支的张林浜，宋《平江图》标：船场桥。

明正德《姑苏志》：“船场桥，张林浜。”其地古有造船工场，故名。民国《吴门坊巷待辅吟》中的《船场桥》诗曰：“船场桥畔聚浮家，鸭绿波柔日未斜。谁说不殊此风景，年年虾菜是生涯。”后记“在乌鹊桥西，张林浜”。

清代时，张林浜填没，船场桥已不存。1983 年，南林饭店在门前建桥，借古桥之名而名之。现桥为钢筋混凝土拱桥，长 12.6 米，宽 9 米，跨径 6 米。

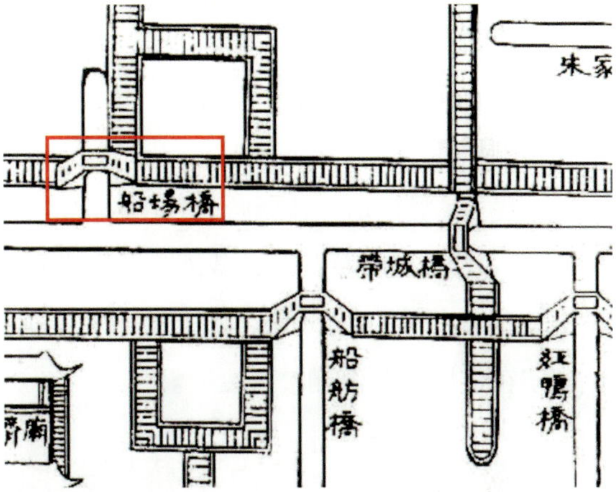

船场桥（宋《平江图》）

船场桥

船舫桥——春风和暖草如丝

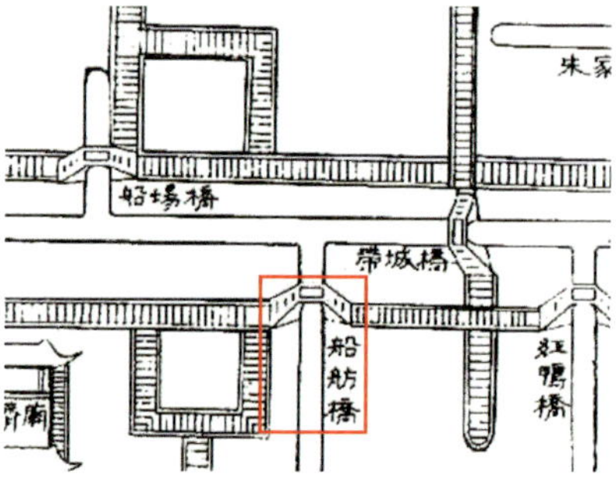

船舫桥（宋《平江图》）

船舫桥南连十全街，北接南林饭店，跨十全河。原桥为东西向，跨十全河南的支流，后河浜填没，古桥拆除。1956 年，为便于南林饭店与南园宾馆互通，在十全河架木桥，借古桥之名而名之。1963 年，改建为钢筋水泥梁平桥，宽 7.8 米，跨度 8.8 米。现桥长 11 米，宽 8.8 米，跨径 9.8 米。

清同治《苏州府志》载：“船舫桥，在带城桥西南，久废。”

民国《吴门坊巷待辋吟》中的《船舫桥》诗曰：“春风和暖草如丝，载酒听莺事事宜。半晌船坊桥畔立，人家几簇点灯时。”后记“在带城桥西南侧，久废”。

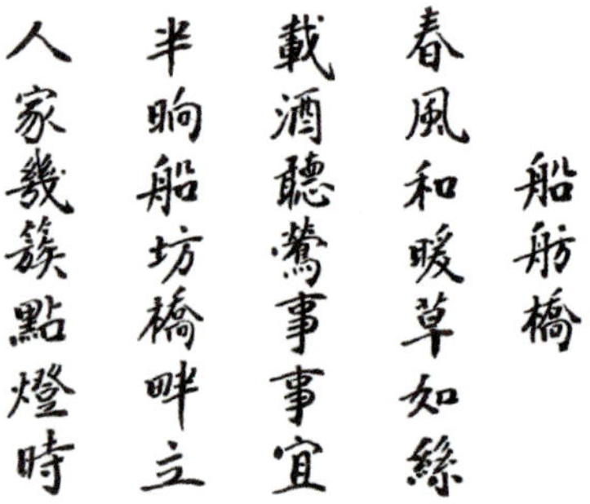

《船舫桥》

织造桥——旧为木桥以朱漆

织造桥跨十全河，南连十全街，北接带城桥下塘，原位于苏州织造署（今苏州第十中学）大门的西侧。

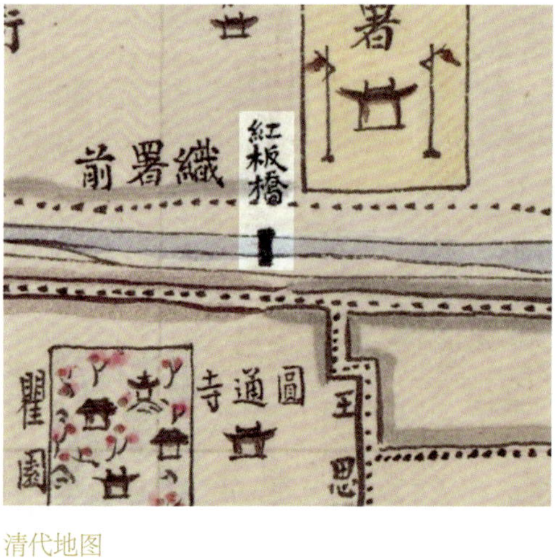

清代地图

始建不详，旧为木桥，桥以朱漆，故名“红板桥”。新中国成立后，因附近学校大门改至孔付司巷，木桥拆除。

现桥为 2009 年 10 月新建钢筋混凝土平桥，并改名为“织造桥”。桥长 12.2 米，宽 3.6 米，跨径 5 米。南堍踏步 10 级，北堍引桥东西各有踏步 15 级。

带城桥——赤城犹带夕阳红

带城桥南连十全街，北接凤凰街，跨十全河。

清同治《苏州府志》载：“带城桥，在乌鹊桥东，南宋嘉泰元年重建。卢《志》：桥迤逦近本府南城，故名。今讹为戴城。”

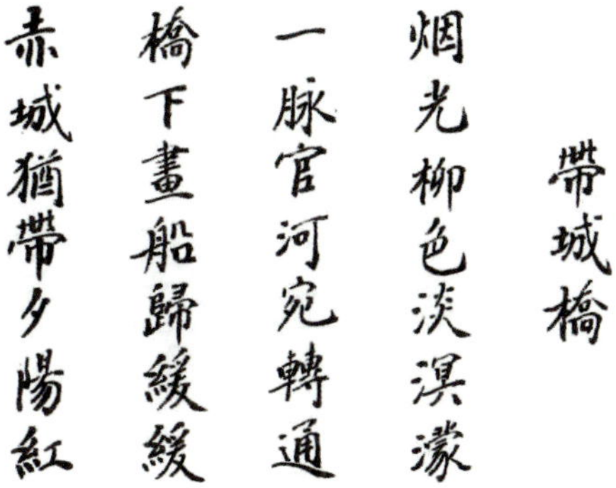

《带城桥》

民国《吴门坊巷待輶吟》中的《带城桥》诗曰：“烟光柳色淡溟蒙，一脉官河宛转通。桥下画船归缓缓，赤城犹带夕阳红。”后记“今误为戴城桥，宋嘉泰元年重建。桥迤逦近本府南城，故名。在乌鹊桥东”。

带城桥旧为石桥，民国年间改建为水泥梁平桥。1955 年，重建为浆砌石拱桥。1981 年，拓建保留原拱桥，两侧加钢筋混凝土板梁，长 7 米，宽 17.45 米，跨径 5 米。1999 年 5 月，再度拓建。现桥长 9 米，跨径 6 米。

带城桥旧貌

星造桥——诗肠鼓吹有空憏

星造桥南连十全街，北接迎枫桥弄，跨十全河。始建于明代，旧称“善教桥”“新造桥”等。

清同治《苏州府志》载：“善教桥，俗名新造桥，在带城桥东，旧积庆寺前。”

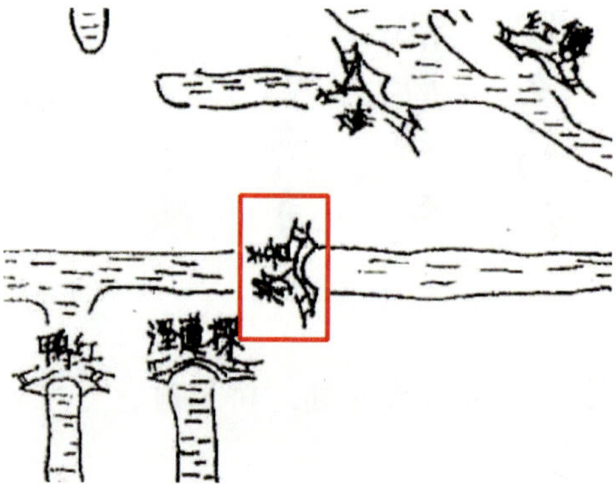

善教桥（宋《平江图》）

相传，有落地陨石，补造入桥，故名“星造桥”。

“文革”时期，改名“立新桥”。1984年，正式命名“星造桥”。现桥为1984年11月重修，为单孔石拱桥，长14.5米，宽2.6米，跨径5.6米，两堍踏步各18级。

星造桥旧貌

星造桥

南石桥——下塘便通南石皮

南石桥北接带城桥下塘，南出十全街，跨十全河，因桥南堍对南石皮弄，故名。

1997年5月，该桥由沧浪区重点工程指挥部建造，为钢筋水泥单跨梁桥，全长18米，南北石阶分别为6级和10级。桥铭为苏州籍诗人、书法家崔护题写。

南石桥北堍

吴衙桥——善教桥东路不赊

吴衙桥南连十全街，北接东吴饭店大门，跨十全河，因北堍吴衙场而得名。1966年始建时称“新造桥”，1981年定名“吴衙桥”。

现桥为1991年6月重修的钢筋水泥单跨梁桥，长8米，跨度6米。设花岗石漏空桥栏，阴刻桥铭。

吴衙桥

百步桥——葑城咫尺柳萧萧

百步桥南连十全街， 北接百步街，跨十全河。始建于宋，旧称“砖桥”“春和桥”。

民国《吴县志》载:“春和桥，在善教桥东，旧名砖桥。明隆庆元年，知府蔡国熙重建，改今名。”民国《吴门坊巷待辅吟》中的《砖桥》诗曰：“葑城咫尺柳萧萧，瓦屋临河半市寮。被酒未阑灯火活，短蓬撑梦过砖桥。”后记“旧名春和桥。明隆庆元年，知府蔡国熙重建，改今名。在善教桥东”。

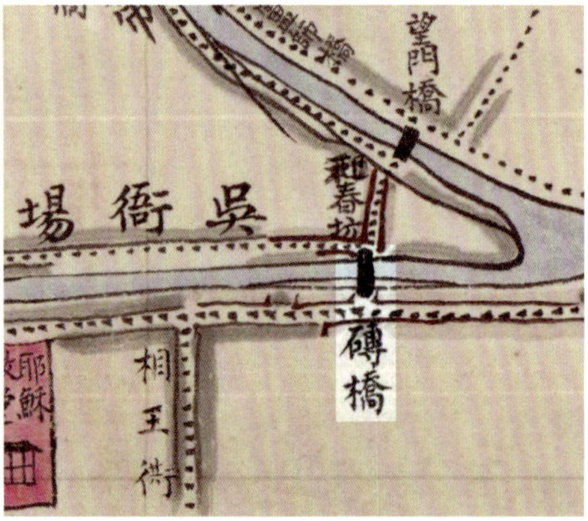

清代地图

该桥原为石拱桥，1952 年，改建为单孔钢筋混凝土平桥，长 8.8 米，宽 3.4 米，跨径 6 米。1980 年，重建，加宽至 4 米。因桥址在百步街南，改名“百步桥”。2008 年，沧浪区政府再次重建该桥。

百步桥

城桥——柳待风来絮已飘

城桥在葑门西，跨城内东城河南段。东西连接十全街，西堍南侧是二郎巷。

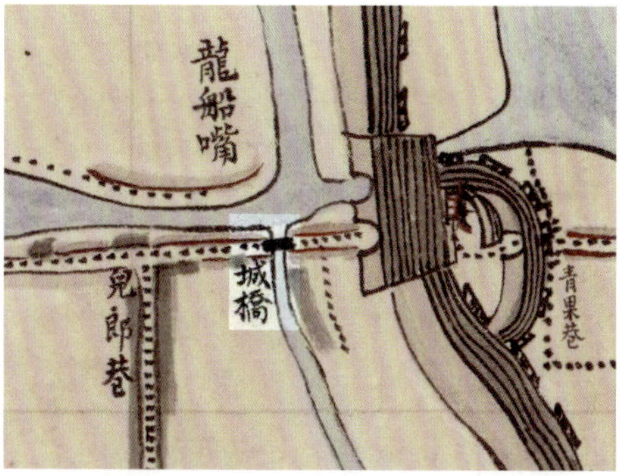

清代地图

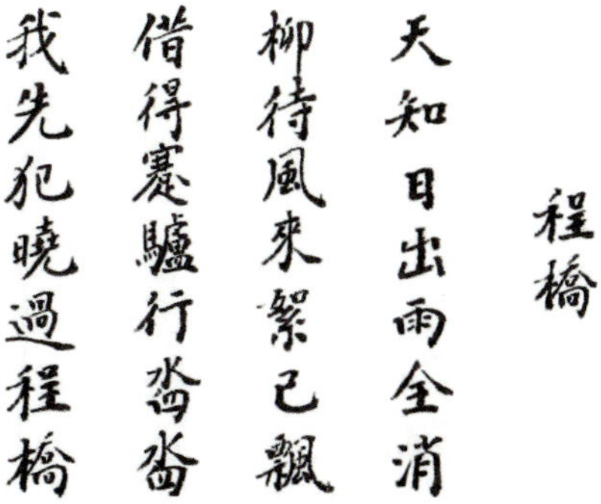

《程桥》

“城桥”为俗称，古称“程桥”。清同治《苏州府志》载：“程桥，在春和桥西南，近葑门。”

民国《吴门坊巷待輶吟》中的《程桥》诗曰：“天知日出雨全消，柳待风来絮已飘。借得蹇驴行沓沓，我先犯晓过程桥。”后记“在春和桥东南，近葑门”。

民国年间，曾改建。1955 年 7 月，重建为单孔钢筋混凝土平桥，长 10.4 米，宽 12 米，跨径 5 米。2003 年，再次拓建，长 10.4 米，宽 18.5 米，跨径 4 米。

城桥

祠庙义庄

二郎神庙——香火年深未寂寥

清乾隆《苏州城图》

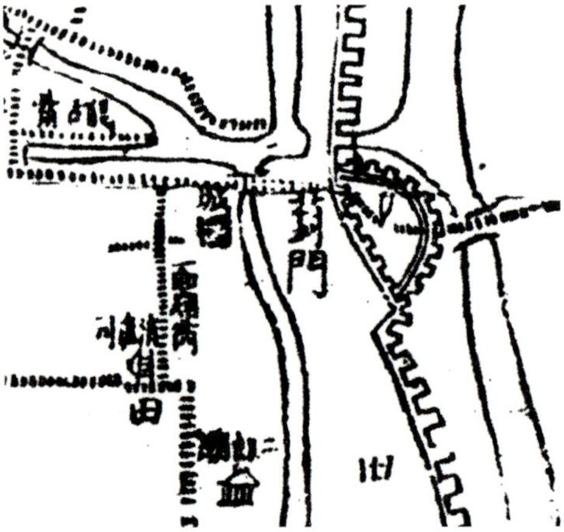

二郎神庙旧址在二郎巷中段东侧，原有长方脸、无须、三眼、金甲，以哮天犬为坐骑的神像，毁于“文革”时期。

清道光《吴门表隐》载:“二郎神庙在葑门内西营，向在水中，突起一阜。宋绍兴初建庙，古名溪山第一祠。凡患疡者，祀以白鸡即愈，久废。国朝嘉庆二十年重建，顾承记。神姓赵，名昱（亦作李冰，六月二十六日神诞），灌州人，少从李珏隐青城山。隋炀帝伟其才，起为嘉州牧，有斩蛟治水异迹。唐初，封赤城王。宋真宗时，封清源妙道真君、杨山太尉。开禧二年，加封护国圣烈昭惠灵显神佑王……傍祀消毒司，神姓贾，名岛（貌甚猛厉，五月十五日神诞）。一在社坛巷，明洪武十三年，道士冯本原、杨处静建。一在教场西，明正德四年建。一在田基巷。”清代袁学澜的《吴郡岁华纪丽》载:“二郎神诞日，六月二十四日，为灌口二郎诞日……尤侗《南园竹枝词》:‘朝闻百舌唤游春，柳醉花眠总殢人。无数红裙成队去，烧香为赛二郎神。’张霔《谒二郎神庙》诗:“潆洄葑水当城曲，草树蒙茸遮旷瞩。平田尽处飐灵旗，肃然庙貌祥烟矗。唯神之责在司疡，俎豆于兹岁月长。不见吴侬半枯瘠，穷檐剜肉为医疮。”

民国《吴门坊巷待輶吟》中的《二郎庙》诗曰：“城南冲屐路非遥，香火年深未寂寥，灌口二郎销暑毒，白鸡黄酒可相邀。”后记“在二郎巷，按神姓赵，名昱，灌州人。仕隋大业，为嘉州太守，有蛟患，入水蕲之。卒后立庙，号灌口二郎神。吴人祀之，必用白鸡”。

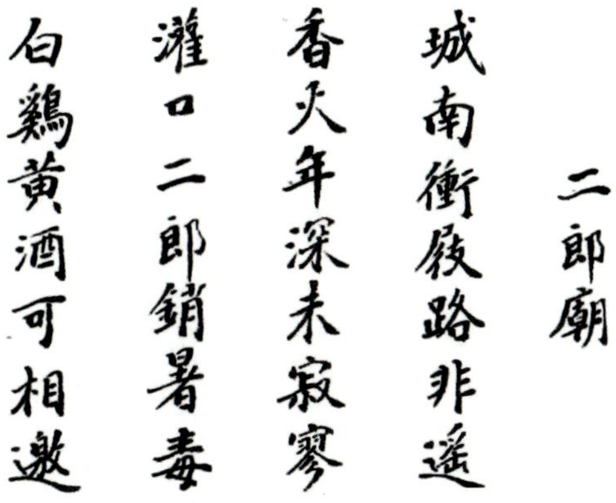

《二郎庙》

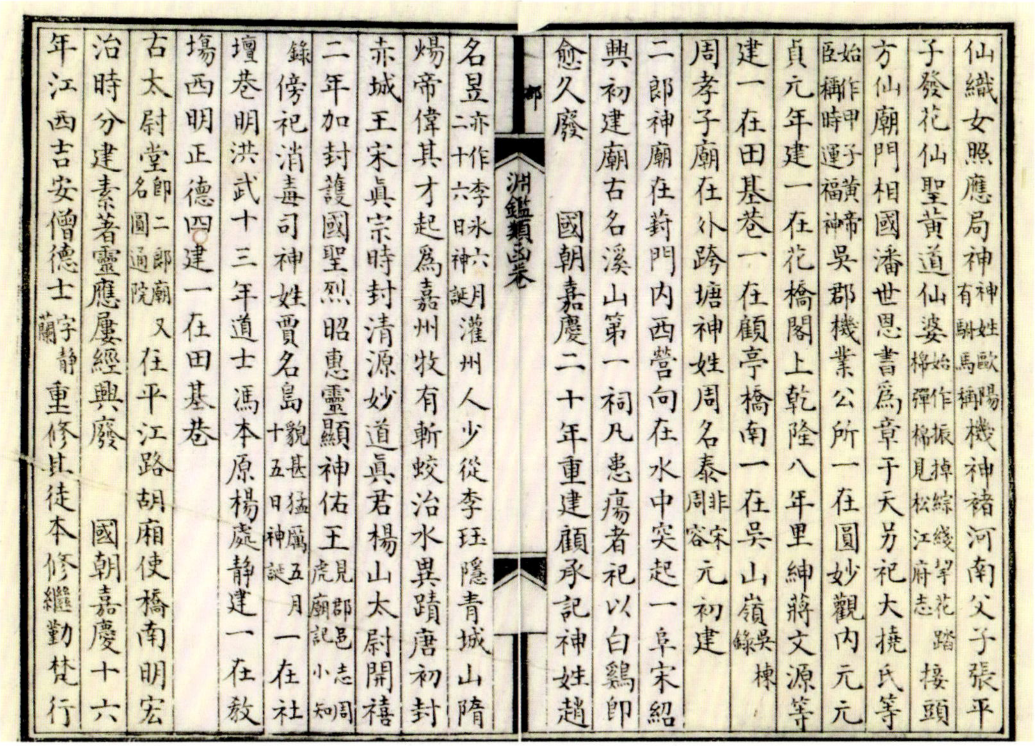
仙織女照應局神（神姓歐陽有駙馬稱）機神褚河南父子張平子發花仙聖黃道仙婆（始作振綽綫挈花踏棉彈棉見松江府志）接頭方仙廟門相國潘世恩書爲章于天劳祀大撓氏等（始作甲子黃帝臣稱時運福神）吳郡機業公所一在圓妙觀內元元貞元年建一在花橋閣上乾隆八年里紳蔣文源等建一在田基巷一在顧亭橋南一在吳山嶺（吳棟錄）

周孝子廟在仆跨塘神姓周名泰（非宋周容）元初建

二郎神廟在葑門內西營向在水中突起一阜宋紹興初建廟古名溪山第一祠凡患瘍者祀以白鷄卽愈久廢　國朝嘉慶二十年重建顧承記神姓趙

洲鑑類函卷

名昱（亦作李冰六月二十六日神誕）灌州人少從李珏隱青城山隋煬帝偉其才起爲嘉州牧有斬蛟治水異蹟唐初封赤城王宋眞宗時封清源妙道眞君楊山太尉開禧二年加封護國聖烈昭惠靈顯神佑王（見郡邑志同虎廟記小知）錄傍祀消毒司神姓賈名島（貌甚猛厲五月十五日神誕）一在社壇巷明洪武十三年道士馮本原楊處靜建一在敎塲西明正德四建一在田基巷

古太尉堂（卽二郎廟名圖通院）又在平江路胡廂使橋南明宏治時分建素著靈應屢經興廢　國朝嘉慶十六年江西吉安僧德士（字靜蘭）重修其徒本修繼勤梵行

清道光《吴门表隐》

相王庙——土谷之神乃姓桑

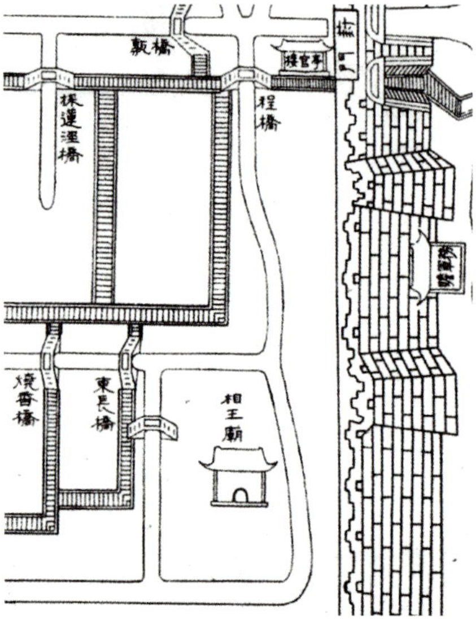

相王庙（宋《平江图》）

赤阑相王庙在十全街相王路，俗称“相王庙”。“相王”是谁？有多种出典。一说为春秋吴国筑城时的“南面讨击将军”黑莫郝，亦称“赤阑将军”；一说为死于筑城的桑湛璧；还有一说即主持筑城的相国伍子胥。而“赤阑”即赤门。

民国《吴门坊巷待輶吟》中的《相王庙》诗曰：“古庙萧条落日黄，相王遗迹筑城墙。吴中掌故吾能说，土谷之神乃姓桑。”后记“在府治东赤门里。相传为吴阖闾筑城见诛死，遂为神。或谓赤阑以庙近赤门为名。按《吴地记》云：南面讨击将军黑莫郝墓在蛇门里，周敬王六年筑城诛死，今呼赤阑将军。三书自相牴牾，皆臆说也。今呼东相明王，又云赤阑即赤门，相王即伍相，姑备录以传疑。一云神姓桑，名湛璧，盖不可考。按赤兰相王庙在南园赤门傍，行祠在巴家园。神姓桑，名湛璧，旧志作黑莫郝，亦名荣，封东吴上乡土谷神、织造都城隍，五月初六日神诞。唐时已建。清康熙四十四年，织造李煦重建，请加封护国忠显王。道光元年，织造嘉禄率绅民重建，列入祀典。一在葑门外接官亭，一在洞庭西山，载顾震录。又相王坟在盘门东城下古蛇门傍，因击贼将军黑莫郝所葬，舟人赛祀不绝，载《表隐》。”清道光《吴门表隐》载：“相王坟在盘门东城下，古蛇门傍。周击贼将军黑莫郝所葬，舟人赛祀不绝。”

相王庙在咸丰十年（1860）毁于战火，同治四年（1865）重建，光绪三十四年（1908）修葺。现存硬山式大殿，双昂十字牌科，面阔三间14.4 米，进深 12.4 米，高 7 米。圆作梁架，梁间垫斗拱，有古碑四方。大殿北侧为配殿，面阔三间。1998 年维修，2012 年重新修缮。

五龙堂——赢得苍生祷雨忙

五龙堂在十全街南的五龙堂弄，原门牌为 2、2-1、2-3、3-1。1951 年起，陆续改为民居及避雷器元件厂。

民国《吴县志》载：“五龙堂在长洲县治东南。唐贞元中建，李绅记。宋淳熙间，赐额灵济庙。明皇甫汸《长洲县志》：宋淳熙十年，郡守耿秉以久旱斋祓祈雨。越三日，有小龙如蜥蜴，见于神位前香案果饤上，蜿蜒不去。秉与约，三日内雨，当奏请庙额。明日大雨，事闻，诏赐灵济。自是凡遇水旱，守官投铁牌于祠前泽中，必获响应。绍熙四年，敕封第一东灵侯，第二西成侯，第三中应侯，第四南平侯，第五北宁侯。今堂中肖五侯像，吴中疾疫者祷之，大有灵验。俗又相传，月十八日为神生日，先期赛社，结绮为亭，旗鼓喧阗，舁神徧走街巷，以祈禳灾疫焉。清乾隆间，巡抚陈宏谋修，自为记。

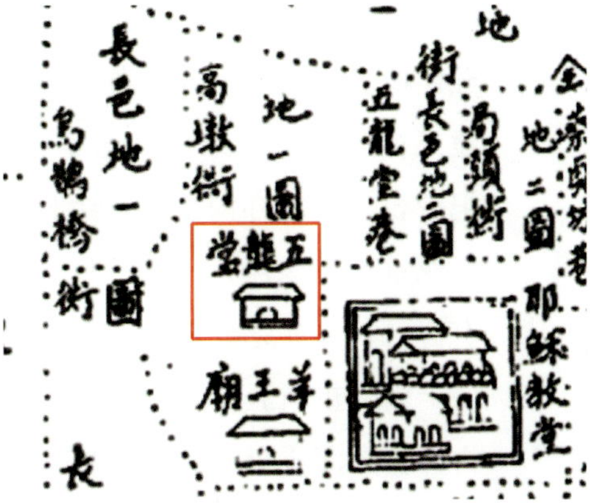

五龙堂（清光绪《苏城全图》）

五龙堂弄

《吴门表隐》云：乾隆二十五年（1760）大旱，巡抚陈文恭公宏谋投虎骨于五龙堂龙潭，顷致大雨。嘉庆十九年亢旱，地生黑白毛，大府投铁牌及虎骨于龙潭，即有风雷冰雹之异。道光十二年，有司循例投虎骨于龙潭，八月二日致出蛟，水涌，龙陨吴县署及学，伤民庐，拔大木，陨干将坊、濂溪坊，至长元学止。咸丰十年毁，同治中重建。一在晋宁坊，名乐营堂。一在东十八都十二图相城，分为二处，名东西龙王堂。

清陈宏谋《重修五龙堂记略》曰：吴郡有五龙堂，在长洲县东南，唐贞元中建。宋淳熙十年，诏赐灵济。绍熙四年，敕封五侯，今堂中肖五侯像是也，至于今不废。雍正六年，特敕赐福吴富农龙神，令有司专建龙神庙，祀事维谨。遇旱，请灵济祠神于龙神庙同致祷，而平时之祀少替，龙池亦渐淤塞。余自戊寅再奉命抚吴，次年夏，雨泽愆期，于五龙堂亲诣虔祷，每祷三日，每日入庙，辄沛甘霖，冠履尽皆沾湿，后有祷应，亦如之，皆得有年。旧祠残阙狭隘，命有司重为葺治增修，共二十楹，重新五像，而殿前之池，亦复浚其源泉，去其郁塞。相传下有古井，故深不可测，流清可鉴，风雨之夕，恍惚见似有神物护持，不可亵视。长洲郑令毓贤，复为招致守祠道，筹给香火。祠之东，与陆宣公祠毘连，祠稍就倾圮，同时修葺完整，一以崇德，一以报功，皆为急务，并志之。

民国《吴门坊巷待辅吟》中的《灵济庙》诗曰：“旧人闲话五龙堂，赢得苍生祷雨忙。次第敕封灵济庙，东西南北与中央。”后记“在长洲县东南”。

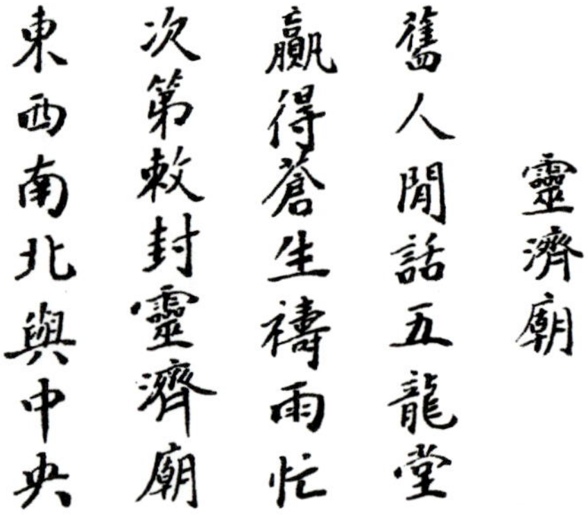

《灵济庙》

陆宣公祠——奉祀唐宰相陆贽

陆宣公祠原在十全街南的五龙堂弄，重建于清同治年间，现已拆除改建。

民国《吴县志》载：“陆宣公祠在五龙堂巷，祀唐宰相陆贽。旧在齐门外六里，其地名陆墓。相传公卒于忠州，归葬其地。墓旁有塔院，明郡人南京吏部尚书吴一鹏尝塑公像于中，岁久为僧所鬻。嘉靖十一年，工部郎中张问之来吴，檄县追复之，并增拓祠宇，题其堂曰仰贤，朱希周记。其后圮，移建今所。清嘉庆二年、八年，迭次重修。咸丰十年毁，同治中重建。”

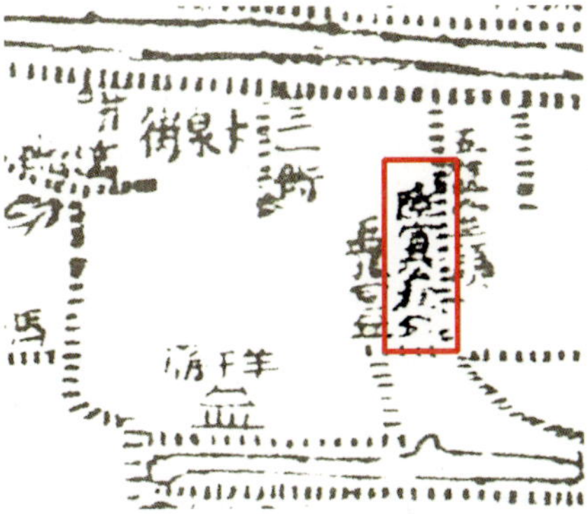

陆宣公祠（清乾隆《苏州城图》）

陆宣公祠旧址

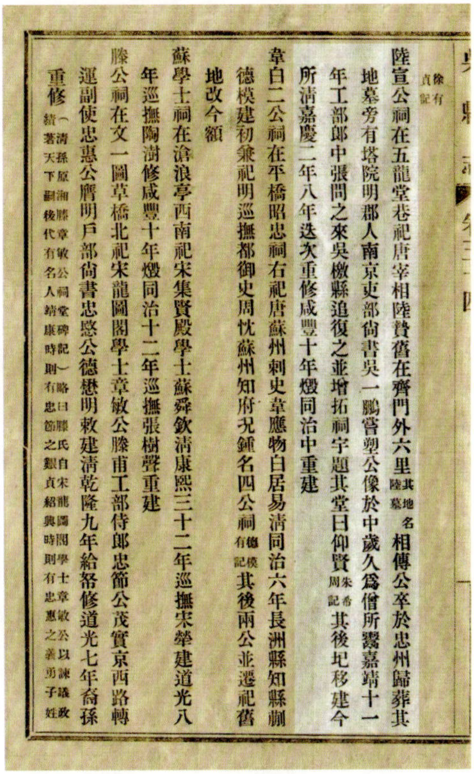

徐有貞記

陸宣公祠在五龍堂巷祀唐宰相陸贄舊在齊門外六里其地名陸墓相傳公卒於忠州歸葬其地墓旁有塔院明郡人南京吏部尚書吳一鵬嘗塑公像於中歲久爲僧所鬻嘉靖十一年工部郎中張問之來吳檄縣追復之並增拓祠宇題其堂曰仰賢朱希周記其後圮移建今所清嘉慶二年八年迭次重修咸豐十年燬同治中重建

韋白二公祠在平橋昭忠祠右祀唐蘇州刺史韋應物白居易清同治六年長洲縣知縣蒯德模建初兼祀明巡撫都御史周忱蘇州知府况鍾名四公祠德模有記其後兩公並遷祀舊地改今額

蘇學士祠在滄浪亭西南祀宋集賢殿學士蘇舜欽清康熙三十二年巡撫宋犖建道光八年巡撫陶澍修咸豐十年燬同治十二年巡撫張樹聲重建

滕公祠在文一圖草橋北祀宋龍圖閣學士章敏公滕甫工部侍郎忠節公茂實京西路轉運副使忠惠公膺明戶部尚書忠愍公德懋明敕建清乾隆九年給帑修道光七年裔孫重修（清孫原湘滕章敏公祠堂碑記略曰滕氏自宋龍圖閣學士章敏公以諫議政績著天下嗣後代有名人靖康時則有忠節之艱貞紹興時則有忠惠之義勇子姓

民国《吴县志》

羊王庙——羊太傅与羊太守

十全街南的羊王庙河畔，旧曾有两座羊王庙，一是羊太傅庙，祀西晋太傅羊祜，旧址在羊王庙11号；一是羊太守庙，祀南朝吴郡太守羊玄保，旧址在羊王庙12-1号。羊王庙义阡，旧在南园羊王庙前。

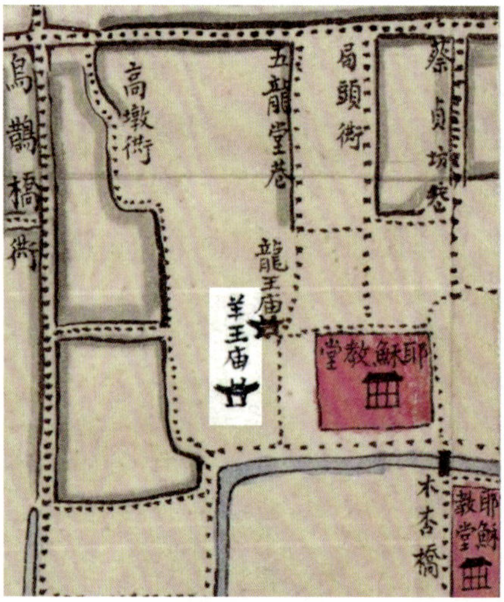

清代地图

清同治《苏州府志》载：“羊太傅庙在乌鹊桥南，祀晋太傅羊祜，创建无考。国朝雍正十一年，长洲县知县沈光曾重建。道光四年，知县俞德渊重建，自为记。咸丰十年毁。同治十三年，署县事顾思贤重建，自为记。今又称太傅灵洋王庙，皆里俗傅会之词，前志误列元和县。”

民国《吴县志》载：“清顾思贤《重建长洲县治司羊太傅庙碑记》略曰：长洲县治司羊太傅庙旧址，在乌鹊桥南，羊太守庙左，神为晋。太傅巨平侯羊祜。庙中无旧碑可稽，莫知建庙所自始。庚申乱后，屋宇荡然，都人士合词请建，而合肥蒯君德模、嘉善钱君宝传、归安吴君承潞，先后捐廉倡募，共建照墙、头门、仪门、大堂、二堂、庙楼、东西两书院及道院，并庙前石岸，暨演剧侑神皆有所。爰为文勒石以志。道光初年，邑令平罗俞公德渊碑谓：刘宋时羊元保守吴，有惠政，士民既立祠祀之，并以元保为太傅孙，推木本水源之义，而祀太傅于斯。史传明言太傅无子，是臆说也。”光绪二十二年（1896），庙之西院用作“大云堂”殡舍。光绪三十年（1904），庙之东院用作初等小学堂第九校。1931年，有殿宇20余间，占地约600平方米，供神像10余尊。20世纪50年代，用作民居。后拆庙建厂，曾为张小全剪刀厂。

清同治《苏州府志》载：“羊太守庙在乌鹊桥南，羊太傅庙右，祀刘宋时太守羊玄保，创建无考。国朝同治十三年，长洲县知县万叶封重建，自为记。”1947 年 5 月 8 日的《苏州明报》曾刊发《羊太守祠》：“据《南史》载：‘宋羊元保，为吴郡守，清廉耿介，去后民思其惠。建庙在乌鹊桥南。’即今之羊王庙是。俗误为羊叔子祜，实非。袁学澜《苏台揽胜词》有一律云：‘乌鹊桥南沸管弦，元嘉贤守庙犹传。千家堕泪虚遗碣，一代清名著选钱，德政去思羊祜后，笙箫报赛麦秋前。衣冠优孟歌廉吏，孙叔官贫宦绩全。’清季于每岁晚春，里人必醵资演剧，弥月始罢。想当时必甚热闹也。今虽过其地者，亦鲜能详羊太守之事迹矣。”

光绪三十二年（1906），羊王庙余屋开办长洲县立高等小学堂。国民党元老钱大多幼年居甫桥西街，就读于该校。1912 年，改名“吴县县立第二高等小学校”。1913 年，与吴县公立师范讲习所互换校舍。1914 年，改设吴县乙种商业学校。1929 年，改为私立美术专科学校二院。20 世纪 50 年代起，改办豆制品厂、力车厂、橡胶配件厂等。现已全部改建，百姓在河畔供香火。

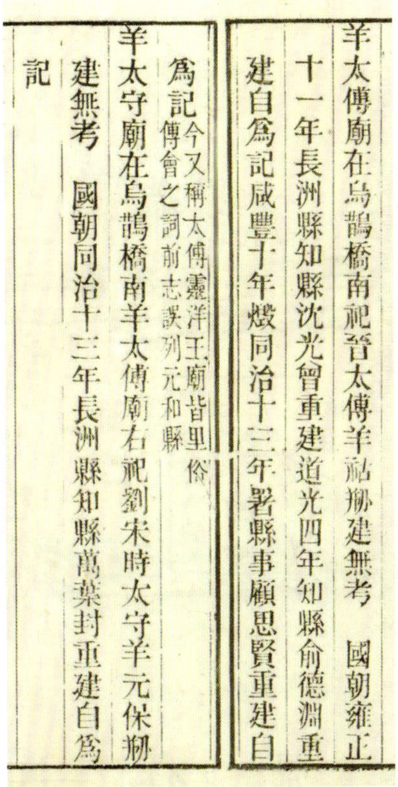
羊太傅廟在烏鵲橋南祀晉太傅羊祜剏建無考　國朝雍正十一年長洲縣知縣沈光曾重建道光四年知縣俞德淵重建自爲記咸豐十年燬同治十三年署縣事顧思賢重建自爲記今又稱太傅靈洋王廟皆里俗傳會之詞前志誤列元和縣

羊太守廟在烏鵲橋南羊太傅廟右祀劉宋時太守羊元保剏建無考　國朝同治十三年長洲縣知縣萬葉封重建自爲記

清同治《苏州府志》

羊祜像

圆通寺——俗人空看法莲花

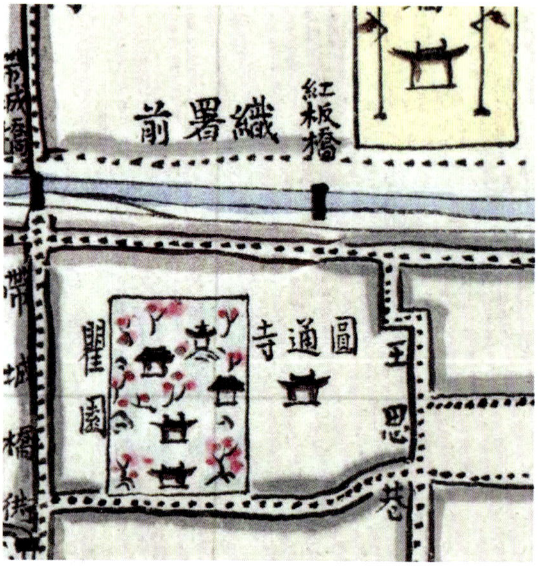

清代地图

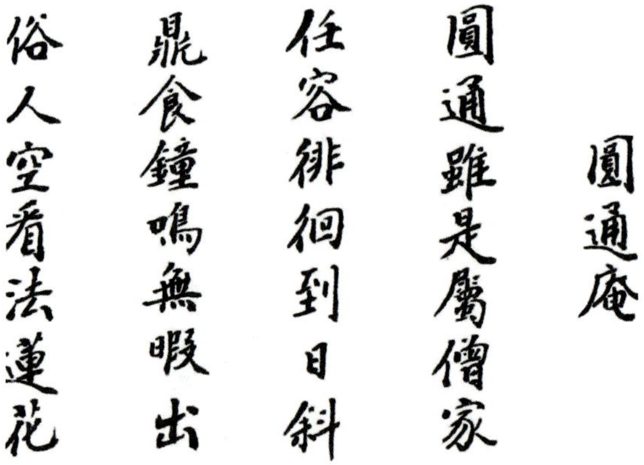

《圆通庵》

圆通寺在阔家头巷6、8号，西临网师园，旧称“圆通庵”。始建于南宋淳熙年间，重修于清光绪二十九年（1903）。民国《吴县志》载：“圆通寺在阔街头巷网师园右，本名圆通庵。宋淳熙间，僧原净建。明初，归并东禅寺。清光绪中，改为寺。前《志》又有圆通庵，不著何地。元泰定二年，僧至壁建，今不存矣。”民国《吴门坊巷待辅吟》中的《圆通庵》诗曰：“圆通虽是属僧家，任容徘徊到日斜，鼎食钟鸣无暇出，俗人空看法莲花。”

历史上的圆通寺，从阔家头巷一直延伸到北部的十全街。1958年，寺舍大部分改为民居，部分殿宇成了仓库，大殿后面的法乳堂划入网师园，辟为茶室。

2007年，太湖东村油画廊的高炳鑫与沧浪区签订了圆通寺保护利用合同，由其负责修缮圆通寺，并获得圆通寺近500平方米的使用权20年。

圆通寺

2008 年 10 月，圆通寺变身为圆通美术馆，以展示油画与高古玉器为主。圆通寺修缮过程中，还发现了明嘉靖五年（1526）《长洲县地字二图社》碑和清顺治九年（1652）《钦命督理苏州等处织造范公德政碑记》碑，安置在大殿前廊的东、西墙上。另外还出土了两座经幢，分别是明代和清光绪年间之物。

蘇州葑門內圓通寺廣告

敝寺本年修理房屋繼續傳戒所有一切費用均是仁傑一人擔負並無法嗣在外募化倘有寶蓮借端向人挪移銀錢本寺概不承認幸勿受愚特此廣告 乙1627

《新闻报》（1917年11月30日）

大殿

关夫子庙——安吴救火会

关夫子庙旧貌

关夫子庙在长洲路 11 号，原长洲县县衙门前。据 1931 年的《吴县城区寺庙公产调查表》载：“关夫子庙，在长署前九号，管理者源泰昌。创于乾隆年间，现在坍毁不堪。屋舍六间，约三分公产基地连房屋，佛像几尊。”管理者源泰昌，即经营源泰昌烛店的老板许绍基。许绍基，字瑞卿，曾任城南市民公社社董，安吴龙社（救火会）社长。居大太平巷（现十全街西首）八号，其经营的源泰昌烛店在大太平巷九号，创办于清咸丰年间。

民国《苏州南区三段安吴救火会储龙所修设始末记》碑（局部）

1935 年，许绍基斥资重修关夫子庙，并用作安吴救火会的储龙所。当时，救火会筹款 4000 元，向上海震旦公司购得 16 匹离心力帮浦机 1 架。同年 7 月 7 日，举行新屋落成典礼，救火联合会、各区段代表、时任执行委员蒋吟秋、监察委员许绍基等参加。庙内现尚存《苏州南区三段安吴救火会储龙所修设始末记》碑，碑文详细记载了关夫子庙设立储龙所的经过。

关夫子庙坐南面北，背依十全河，占地约 180 平方米。现全部为民居，尚存墙门、大殿及部分辅房。石库门已被封堵，砖雕字牌也被涂抹刷白。2010 年，尚存完好的门额“关夫子庙”，但年款一列和落款两列的字迹被部分破坏，已无法全识。大殿面阔 3 间 7.8 米，进深 7.5 米，檐下重拱，凤头昂丁字枫拱，云头挑梓桁，垫拱板透雕花卉，檐枋雕刻花卉。沿河建筑多已改建，原庙的河埠头尚存。

彭氏义庄——私立彭氏两等小学堂

彭氏义庄与祠堂旧址在十全街相王路北首东侧，尚书里以西。其址初名“茧园”，为彭氏先人讲学读书之地，彭定求在此创立宗祠。草堂三楹，彭绍升题“清江世泽”四字匾额，入门一院，古木槎枒，南向五楹，中为享殿，名曰蔚基草堂，左右为夹室，均毁于咸丰十年（1860）兵火。

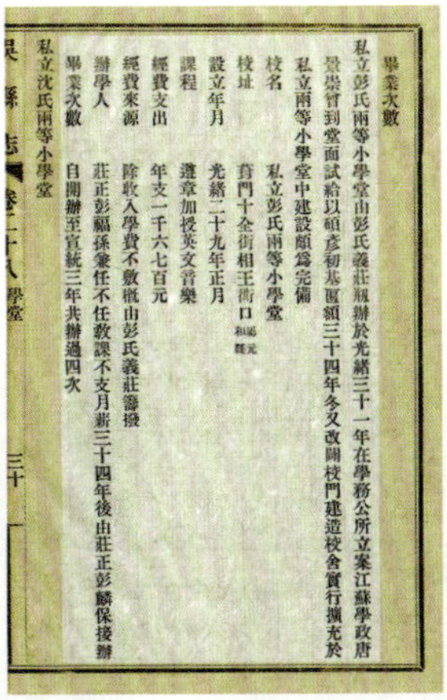
畢業次數
私立彭氏兩等小學堂由彭氏義莊剏辦於光緒三十一年在學務公所立案江蘇學政唐景崇曾到堂面試給以碩彥初基匾額三十四年冬又改闢校門建造校舍實行擴充於私立兩等小學堂中建設頗爲完備
校名　私立彭氏兩等小學堂
校址　葑門十全街相王衖口屬元和縣
設立年月　光緒二十九年正月
課程　遵章加授英文音樂
經費支出　年支一千六七百元
經費來源　除收入學費不敷概由彭氏義莊籌撥
辦學人　莊正彭福孫兼任不任教課不支月薪三十四年後由莊正彭麟保接辦
畢業次數　自開辦至宣統三年共辦過四次
私立沈氏兩等小學堂
吳縣志　卷二十八　學堂　三十

民国《吴县志》

清光绪四年（1878），顺天府府尹彭祖贤承其父文敬公遗志创建义庄。清光绪《彭氏宗谱》载：“谊庄在衣言堂之东南，享殿三楹，即南畇草堂也。设龛三，恭悬御赐‘义浆仁粟’匾额。后轩为追远祠、忠义祠、节孝祠。前廊嵌蓼蔚公手书《秋兴》八首、《岳阳楼记》《醉翁亭记》及兴祖公隶书《千字文》诸石刻。庭中双柏，犹是二百年故物。殿之南曰带星轩，又南为门、为垣，杰阁归然透出垣外者，上祀奎宿，西为刑牲之所。带星轩左三椽曰东壁亭，恭峙列圣御笔石刻于中。亭之前为宗塾，后为侍讲公大宗祠。再后与享殿相并者曰飞云阁，昔年，侍讲公朝夕于此焚香告天。阁下曰咏真小洞，供设侍讲公几杖。《闲家录》所谓他年魂魄应犹游此者，即此室也。祭仪详谊庄规条卷内，兹不复赘。”

清光绪二十九年（1903）正月，由彭福孙以义庄余款，创办私立彭氏谊庄小学堂，并任校长。三十一年（1905），改称“私立彭氏两等小学堂”。三十四年（1908），由彭麟保任校长，改闭校门，建造校舍。1916 年，附设国民学校。1934 年，由前务初小学金伟铮任校长，在相王弄辟新校门。抗日战争全面爆发后，学校停办半年。1938 年复校，1941 年停办。

蘇州彭氏小學堂招生廣告
以來年正月十六日截止

《新闻报》（1904年2月7日）

吴氏继志义庄——静思书院

吴氏继志义庄位于滚绣坊41号，原门牌号为63，现为静思书院。明万历二十八年（1600），吴之良创建义庄。清顺治五年（1648），其子好古重整。清宣统三年（1911），其裔孙始置庄房于滚绣坊巷。明崇祯《吴县志》载：“吴之良，字功甫。少游县学，遇例升国子生。平好行义，尝捐膏腴六百亩为义田赡族。申时行传略。”民国《吴县志》载：“吴氏继志义庄，明万历二十八年，吴之良创建，割潇泾腴田六百亩以赡族，自为记。其略云：义田之举，先大父讱亭公有志焉，而未之行，以志大而不欲小试之耳。予承祖志，而力乃弗逮先业远甚，姑就所能为者为之，

民国《吴县志》

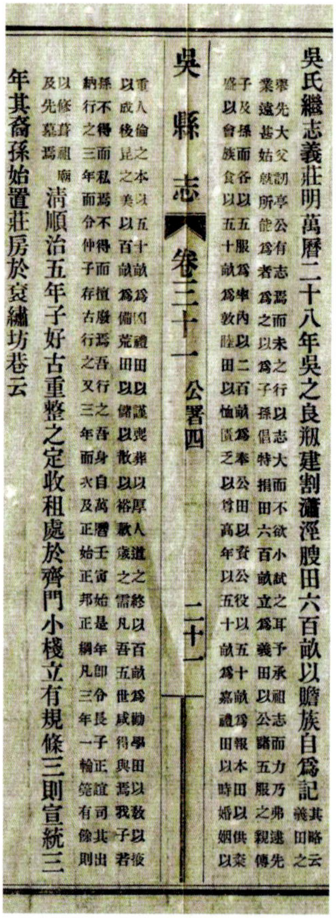
吳氏繼志義莊明萬曆二十八年吳之良𠞰建割瀟涇腴田六百畝以贍族自爲記其略云義田之舉先大父訒亭公有志焉而未之行以志大而不欲小試之耳予承祖志而力乃弗逮先業遠甚姑就所能爲者爲之以爲子孫倡特捐田六百畝立爲義田以公諸五服之親傳子及孫而各以五服爲率內以二百畝爲奉公田以資公役以五十畝爲報本田以供粢盛以會族食以五十畝爲敦睦田以恤貧乏以尊高年以五十畝爲嘉禮田以時婚姻以重人倫之本以五十畝爲因禮田以謹喪葬以厚人道之終以百畝爲勸學田以教子以掖以成後昆之美以百畝爲備荒田以儲以散以裕歉歲之需凡吾五世咸得與焉我子若孫不得而私焉不得而擅廢焉吾行之吾身自萬曆壬寅始是年即令長子正誼司其出納行之三年而令仲子存古行之又三年而次及正始正邦正綱凡三年一輪筦有餘則以修葺祖廟及先墓焉清順治五年子好古重整之定收租處於齊門小棧立有規條三則宣統三年其裔孫始置莊房於袞繡坊巷云

吳縣志 卷三十一 公署四 二十一

吴氏继志义庄

享堂

以为子孙倡。特捐田六百亩，立为义田，以公诸五服之亲，传子及孙，而各以五服为率。内以二百亩为奉公田，以资公役；以五十亩为报本田，以供粢盛，以会族食；以五十亩为敦睦田，以恤匮乏，以尊高年；以五十亩为嘉礼田，以时婚姻，以重人伦之本；以五十亩为凶礼田，以谨丧葬，以厚人道之终；以百亩为劝学田，以教以掖，以成后昆之美；以百亩为备荒田，以储以散，以裕歉岁之需。凡吾五世，咸得与焉。我子若孙，不得而私焉，不得而擅废焉。吾行之吾身，自万历壬寅始。是年，即令长子正谊司其出纳。行之三年，而令仲子存古行之。又三年，而次及正始、正邦、正纲。凡三年一轮箕，有余则以修葺祖庙及先墓焉。清顺治五年，子好古重整之，定收租处于齐门小栈，立有规条三则。宣统三年，其裔孙始置庄房于衮绣坊巷云。”

吳縣私立

國基小學校

招生

（學級）小學各級暨幼稚園（報名）即日起（考期）七月廿一日上午九時（校址）滚繡坊六十三號

苏州明报》（1947年7月13日）

1947年2月，私立国基小学校在义庄开办。1948年8月，附设天才儿童实验教育班。1960年，并入平直中心小学，改为平直小学二院。此后，校址改为沧浪区少年宫。2010年8月20日，台湾慈济慈善志业基金会在此开办“静思书院”。现存坐北朝南的头门、享堂和东庑。享堂面阔3间12.8米，进深七檩13米，硬山顶。扁作梁有雕饰，前船棚轩，后菱角轩，雕花青石鼓墩柱础。

花园

名人故居

吴之佳故居

吴之佳故居在吴衙场37号，清乾隆《苏州府志》载："吴之佳，字公美。万历庚辰进士，授襄阳知县，有善政。擢兵科给事中，历刑科都给事中，以谠直著。时册立久稽，礼科给事中李献可以豫教请，上严谪之。之佳偕同官张栋、叶初春等上疏力争，并削籍，时称吴中三谏。天启初，赠太仆少卿。孙适，自有传。明史参县志。"民国《吴门园墅文献》载："吴之佳宅，在善教桥东北，明长洲吴公美之佳给谏所治。公美为万历庚辰进士，任襄阳知县，以治行征授刑科都给事中。时礼科都给事中以请豫教元子得罪，之佳疏救，与张栋、叶初春并斥，时称吴中三谏。其宅今名吴衙场。"

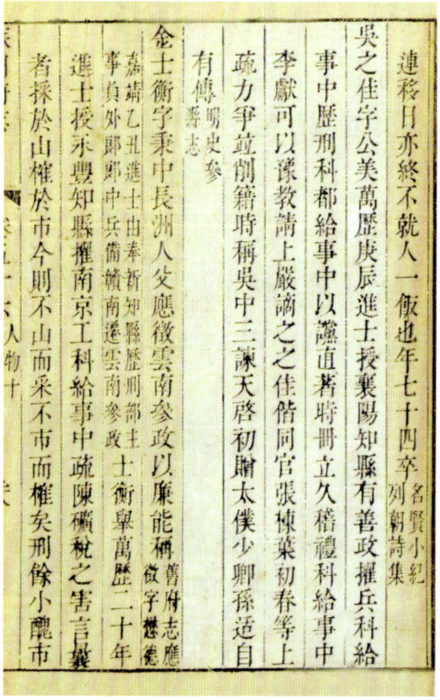
連移日亦終不就人一飯也年七十四卒名賢小紀 列朝詩集
吳之佳字公美萬歷庚辰進士授襄陽知縣有善政擢兵科給
事中歷刑科都給事中以讜直著時冊立久稽禮科給事中
李獻可以豫教請上嚴謫之之佳偕同官張棟葉初春等上
疏力爭竝削籍時稱吳中三諫天啓初贈太僕少卿孫适自
有傳明史參 縣志
金士衡字秉中長洲人父應徵雲南參政以廉能稱舊府志 應徵字懋德
嘉靖乙丑進士由奉新知縣歷刑部主事員外郎郎中兵備贛南遷雲南參政士衡舉萬歷二十年
進士授永豐知縣擢南京工科給事中疏陳礦稅之害言最
者採於山榷於市今則不山而采不市而榷矣刑餘小醜市

清乾隆《苏州府志》

吴之佳（1548—1605），字公美，号虚台。明苏州府长洲（今江苏苏州）人，先世居蠡口，号竹墩吴氏。其为蔡士顺岳父，丁元复高弟。明万历八年（1580）进士，授襄阳知县，政声称最。十四年（1586），擢兵科给事中。十六年（1588），转刑科给事中。江南大旱奏请特蠲岁赋之半，出帑金数十万赈救灾民，转户科左给事中。十九年（1591），升刑科都给事中。以谠直与叶初春、张栋合称"吴中三谏"。二十年（1592），因疏救李献可，抗言国本，遭贬秩削籍。归居吴衙场巷。天启初，赠太仆少卿。

吴宅旧址在清代时归彭柏云，后售与乌镇徐氏开设仁兴典当。现已散为民居，尚存朝南两路建筑。第二进大厅，面阔 12 米，进深六檩 10 米。厅后有楼两进。

原吴宅的红豆树现围在迎枫桥弄 13 号院内，树龄 360 余年，为古城内最古老的红豆树。现树干下部已经中空，加钢管支撑保护。

清道光《吴门表隐》载：“铁树即红豆，郡中只有四树：一在元墓山寺内；一在城东酒仙堂，宋白鸽禅师手植；一在升龙桥南惠太史周惕宅，周惕少从酒仙堂分折栽成；一在吴衙场明给谏之佳宅内，后易宋、易彭，今为吴刺史诒榖所居。朱绶录。”郑逸梅在 1933 年 4 月 19 日的《申报》撰文《平望镇上的一颗红豆树》，提及吴衙场此树曰：“这一株红豆树，干粗合抱，斜枝出墙，遮及邻家的屋檐，故结实的时候，往往因风吹堕，邻家得着意外的收贮。”

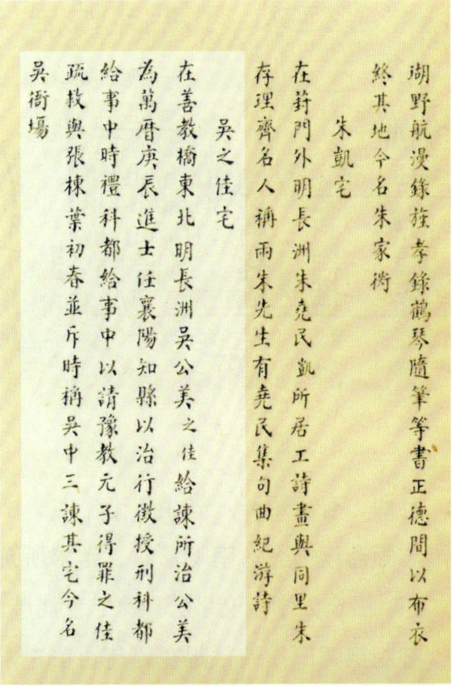
湖野航漫錄莊孝錄鶴琴隨筆等書正德間以布衣
終其地今名朱家衖
朱凱宅
在葑門外明長洲朱堯民凱所居工詩畫與同里朱
存理齊名人稱兩朱先生有堯民集句曲紀游詩
吳之佳宅
在善教橋東北明長洲吳公美之佳給諫所治公美
為萬曆庚辰進士任襄陽知縣以治行徵授刑科都
給事中時禮科都給事中以請豫教元子得罪之佳
疏救與張棟葉初春並斥時稱吳中三諫其宅今名
吳衙場

民国《吴门园墅文献》

红豆树（春季）

彭定求、彭启丰故居

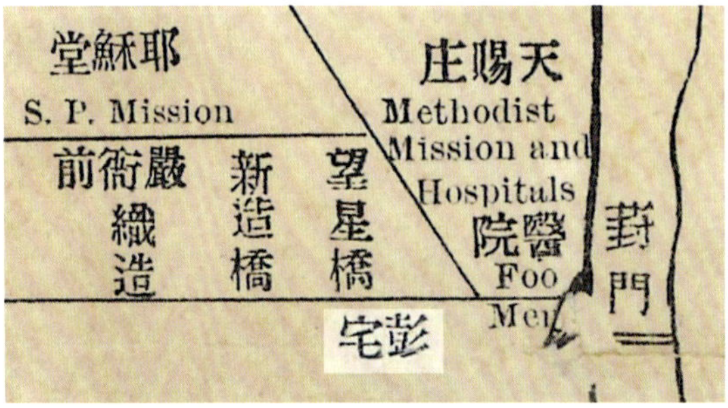

彭宅（清末《姑苏城图》）

清代祖孙状元彭定求、彭启丰故居在十全街东，原葑门大街。彭氏一门科第鼎盛，有“祖孙会状”“五子登科”之荣，府第人称状元第、尚书第，故有“葑门第一家”之誉。

清同治《苏州府志》：“彭仁简先生珑宅，在葑门内苏家巷西，有志矩斋。先生年七十时，所名以自励者也。子侍讲定求，命工写志矩斋读书图。南畇草堂，定求所葺。曾孙兵部尚书启丰辟新第于苏家巷东。后自大学士文敬公以来，世居巷西旧宅。其先世康熙中，御书唐人诗，御制至阊门作诗，赐在籍侍讲彭定求。雍正中，御书‘东涧野泉添碧沼，南园夜雨长秋蔬’联句，赐修撰彭启丰。咸丰中，御书‘其难其慎’‘匡弼和衷’匾额，御笔山水，赐大学士彭蕴章。今俱谨藏于家。”

南畇草堂

彭定求（1645—1719），字勤止，一字访镰，号南畇、复初学人、咏真山人、守纲道人、南畇老人等，学者称南畇先生。清康熙十五年（1676）状元，授翰林院修撰。编辑有《汤潜庵先生文集节要》《道藏辑要》《明贤蒙正录》等。著有《学易纂录》《阳明释毁录》《儒门法语》《密证录》《南畇诗稿》《南畇文集》《南畇老人自订年谱》等。

彭启丰（1701—1784），字翰文，号芝庭，晚号香山老人。藏书万卷，喜藏碑版，书善瘦金体，画精水墨山水。善应制文字，诗有中晚唐风，曾结北郭诗社。与同学沈德潜同辑《古诗源》。著有《芝庭文稿》《芝庭诗稿》《芝庭先生集》等。

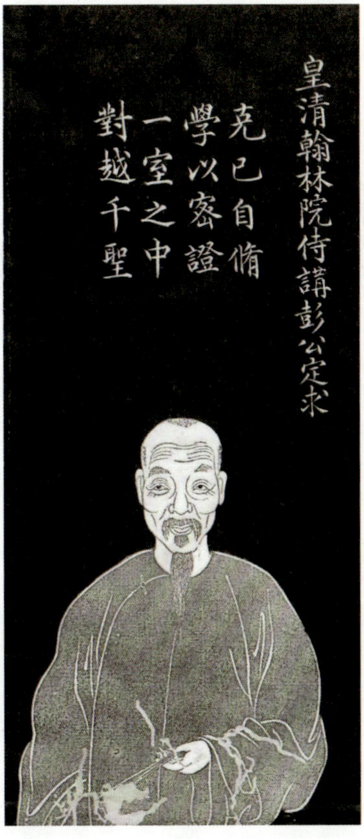

彭定求像

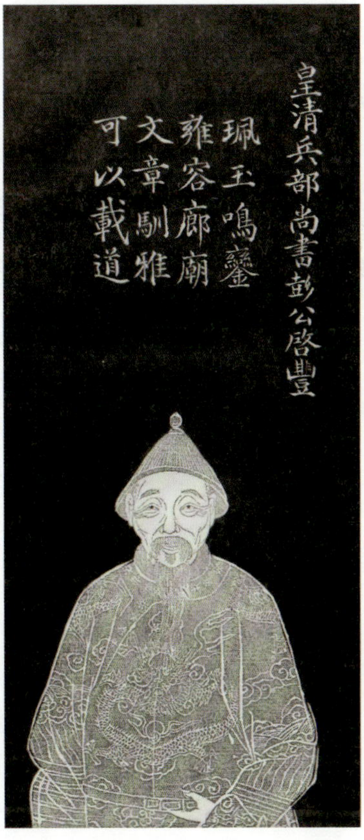

彭启丰像

状元第

民国《吴门园墅文献》载："茧园，在葑门苏家巷东，清长洲彭南屏翰孙所筑，南屏读葛洪《神仙传》，有园客者，济阴人，种蚕得茧，大如瓮，缫讫，客忽仙去，因以名园。"民国《吴门坊巷待辑吟》中的《棋杆里》诗曰："祖孙殿撰掇巍科，甲第蝉联更足多。零落书香成一叹，棋杆里下怕重过。"后记"在十全街，彭氏为吴中大族"。

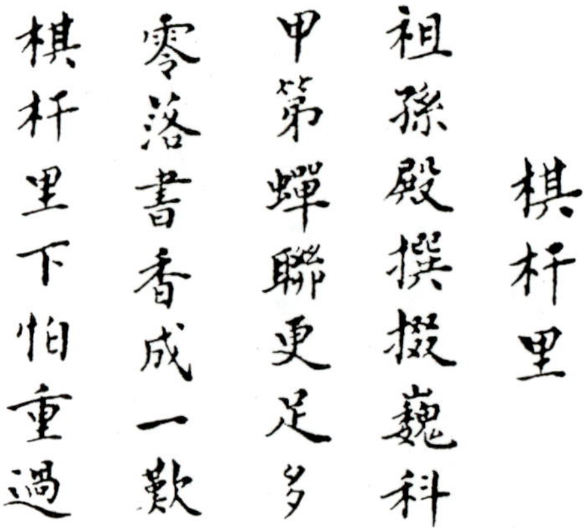

《棋杆里》

彭氏大宅坐南朝北面河，原包括住宅、义庄、祠堂、庭园、菜圃及船埠、隔河照壁等。

2002年，彭宅整修，现有正路门厅、轿厅及东路书厅等建筑。2012年，再次大修。

沈德潜故居

沈德潜故居在阔家头巷 26 号，即教忠堂。民国《吴门园墅文献》载：“教忠堂，在阔街头巷，清长洲沈确士德潜尚书所构。内悬御赐词宗耆硕、道存风雅、鹤性松身、学有本源、蓬瀛人瑞诸扁额。又有九赉阁，在葑门外竹墩庄，赐序、赐诗。亦佛龛供御赐金佛。按：德潜号归愚，乾隆己未进士，年已六十七。高宗弘历称为名士，召对，论历代诗源流升降，大赏之。命值上书房，擢礼部侍郎，予告归原衔食俸。弘历怀旧诗，以德潜与陈群并称东南二老。年九十七卒。有《五朝诗别裁》《古诗源》《西湖志纂》《竹啸轩诗钞》《归愚诗文钞》。”

沈德潜（1673—1769），字确士，号归愚。苏州府长洲人，祖籍浙江吴兴。世居葑门外竹墩。家贫好学，16 岁前已通读《左传》《韩非子》《尉缭子》等书。年 22 补诸生，承父业授徒教馆。27 岁师从叶燮，肆力于诗，先后组织城南诗社和北郭诗社，诗名盛于吴门，受到诗坛前辈王士禛等人称许。

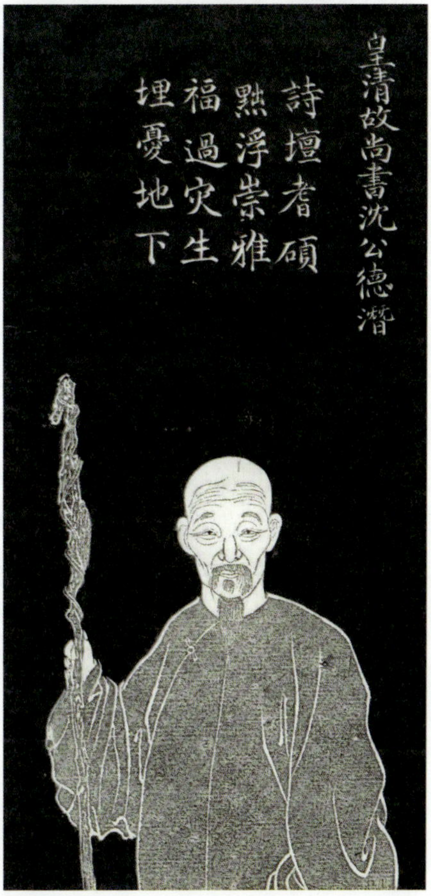

沈德潜像

教忠堂

在濶街頭巷清長洲沈確士德潛尚書所構內懸御賜詞宗耆碩道存風雅鶴性松身學有本源蓬瀛人瑞諸扁額又有九賚閣在葑門外竹墩莊賜序賜詩亦佛龕供御賜金佛按德潛號歸愚乾隆己未進士年已六十七高宗弘曆稱為名士召對論歷代詩源流升降大賞之命值上書房擢禮部侍郎予告歸原銜食俸弘曆懷舊詩以德潛與陳群並稱東南二老年九十七卒有五朝詩別裁古詩源西湖志纂竹嘯軒詩鈔歸愚詩文鈔

民国《吴门园墅文献》

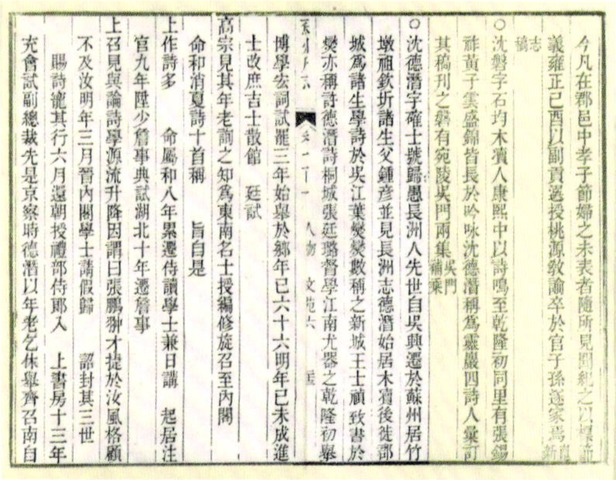
今凡在郡邑中孝子節婦之未表者隨所見聞紀之以[illegible]
義雍正己酉以副貢選授桃源教諭卒於官子孫遂家焉 [illegible]
志稿
○沈磐字石均木瀆人康熙中以詩鳴至乾隆初同里有張錫
祚黃子雲盛錦皆長於吟咏沈德潛稱爲靈巖四詩人彙刻
其稿刊之縣有宛陵吳門兩集 吳門補乘
○沈德潛字確士號歸愚長洲人先世自吳興遷於蘇州居竹
墩祖欽圻諸生父鍾彥並見長洲志德潛始居木瀆後徙郡
城爲諸生學詩於吳江葉燮燮數稱之新城王士禎致書於
燮亦稱詩德潛詩桐城張廷璐督學江南尤器之乾隆初舉
蘇州府志 卷一百一 人物 文苑六 五
博學宏詞試罷三年始舉於鄉年已六十六明年己未成進
士改庶吉士散館 廷試
高宗見其年老詢之知爲東南名士授編修旋召至內閣
命和消夏詩十首稱 旨自是
上作詩多 命屬和八年累遷侍讀學士兼日講 起居注
官九年陞少詹事典試湖北十年遷詹事
上召見與論詩學源流升降因謂曰張鵬翀才提於汝風格顧
不及汝明年三月晉內閣學士請假歸 詔封其三世
賜詩寵其行六月還朝授禮部侍郎入 上書房十三年
充會試副總裁先是京察時德潛以年老乞休舉齊召南自

清道光《苏州府志》

“沈德潜故居”匾

沈德潜通古学，工制义，擅古文辞。诗尊盛唐，论诗主“格调”说，奠基开派，门徒众多，与王士禛主“神韵”、袁枚主“性灵”两派相鼎立。而以其为一时首推，《乾嘉诗坛点将录》尊其为“托塔天王”，列为第一，影响及于当时海外的日本、琉球诸国。其深明诗法，精选学，选编《古诗源》《唐诗别裁集》《明诗别裁集》《清诗别裁集》等，为学者宗趋。沈德潜与长洲徐夔、袁三俊等印人交密，并为部分印谱作序跋。又与梁诗正同修《西湖志纂》。另著有《归愚诗钞》《归愚全集》等。

1995 年，沈德潜故居开始居民动迁，文物部门筹资修缮、重建轿厅等。现存照墙、门厅、大厅及贯穿前后的东备弄，占地约 480 平方米。大厅面阔 3 间 10.8 米，进深 11.6 米，前置鹤颈轩，扁作梁，雕饰棹木、楠木步柱，青石鼓墩，尚存清代前期建筑风格。原轿厅、两进楼厅和后园已废。门厅内悬“沈德潜故居”匾，为书法家瓦翁题写，抱柱联“门庭整肃，为茂苑新增胜迹；诗律精严，数逊清一代宗师”，由王西野撰，瓦翁书。第二进，悬乾隆皇帝御笔“诗坛耆硕”匾，楹联为 “特承宸藻褒耆硕，满载恩波狎鹭鹇”。为沈德潜自撰，但书法者给改了两个字。第三进，大厅悬“教忠堂”额，由书法家顾廷龙题写。楹联为：“种树乐培佳子弟，拥书权拜小诸侯。”为沈德潜自撰。2002 年 3 月，苏州昆剧传习所在沈德潜故居恢复活动。

王颂蔚故居

王颂蔚故居在十全街怀厚里的怀厚堂，始建于清嘉庆年间。王颂蔚（1848—1895），原名叔炳，字芾卿，号蒿隐。江苏长洲人，明代大学士王鏊后裔。清光绪六年（1880）进士，选翰林院庶吉士，散馆改户部候补主事。十三年（1887），补军机章京。累迁户部湖广司郎中、记名御史，充方略馆纂修官，兼司总校。喜藏书，自编书目。擅诗文辞，通经史，精目录版本之学，长于金石考证。与叶昌炽、袁宝璜同为冯桂芬高足，三人与修《苏州府志》，有三才子之誉。又与叶昌炽、管礼耕校订《铁琴铜剑楼书目》。曾评《唐六典》，著《明史考证捃逸》尤称精辟。另著有《周礼义疏》《写礼庼杂著》《写礼庼读碑记》《写礼庼遗著》《写礼庼遗词》《写礼庼文集》等。

王颂蔚故居

王颂蔚的夫人王谢长达，也是著名教育家。王谢长达（1848—1934），字铭才。祖籍安徽，后迁居苏州。清光绪二十七年（1901），王谢长达于苏州首创天足会，自任总理，亲订章程；三十一年（1905），与陈星昭等捐募创办女子两等小学，定名“振

振华女学校创办人王谢长达太夫人纪念碑

华女校”，任校长。次年，振华女校添设简易师范科。辛亥革命期间，沪、苏等地组织女子北伐队，王谢长达出任苏属队长。1915 年，与杨达权、李师德等发起成立女子公益团，任德行部长。1923 年，辞任校长。1928 年，参与发起苏州识字运动。卒后，其后人为之设立长达清寒奖学基金。

王颂蔚夫妇育有四子五女（有一女早殇），子王季烈、王季同、王季点、王季绪，女王季昭、王季茝、王季玉、王季山、王季常，在物理、教育等领域都非常有建树。下一辈及后代中更涌现出王守竞、王守武、王守觉、王淑贞、何泽慧、何怡贞等一批我国科技界泰斗。

长子王季烈（1873—1952），字晋余，号君九、螾庐。郑言绍婿，王守泰父。清长洲附贡，候选通判，致力西学。光绪二十五年（1899），任上海江南制造局翻译馆译书委员，与傅兰雅合译美国人莫耳登的著作《通物电光》，该书为国内最早介绍 X 射线的译著。王季烈精通曲律，悉心研究昆曲，创曲律谱腔“主腔”说，与友吴梅、俞宗海合称“近代三曲家”。

王季绪、王季烈、王季同、王季点（左起）合影（1934 年）

次子王季同（1875—1948），一名季锴，字孟晋，号小徐。清国子监学生。光绪二十三年（1897），任总理衙门七品翻译官，赏加五品衔。宣统元年（1909），赴英国任驻欧洲留学生督署随员，宣统三年（1911）于爱尔兰皇家学会会刊上发表有关四维函数求微方法论文，被称为“王氏代数”。晚年潜心佛学，发表《佛法与科学之比较研究》《略论佛法要义》等文。著有《因明入正理论摸象》等。

三子王季点（1879—1966），字巽之，号琴希。清庠生。曾任上海江南制造局翻译馆翻译。光绪二十六年（1900），转译日人《昨年化学界》刊于《亚泉杂志》，首先将居里夫妇发现钋、镭两种放射性元素介绍到中国。晚年开始学习诗词，为宋词格律研究专家，并创造汉字分类分期教授法。著有《词学规范》《词学规范撷要》《标志万氏词律》等。

幼子王季绪（1882—1966），字茧庐。清光绪二十九年（1903），留学日本第三高等学校，为该校首位中国留学生，后因病退学。宣统元年（1909），留学英国剑桥大学，1912 年，获工学学士学位，为中国机械专业工学学士第一人。抗日战争胜利后，曾任苏州私立安定职业中学校长。1951 年，被聘为北洋大学机械系教授。

长女王季昭（1876—？），清光绪三十三年（1907），成为首批以直隶官费留学日本神户女子学院攻读理科的学生。1911 年，毕业后留学美国。1915 年，毕业于普谟那大学，获生物学硕士学位。1920 年，任振华女校教员，曾主管教务，任图书馆主任，兼任乐益女子中学校董。

次女王季茝(1884—1979),景海女塾肄业,后留学于日本西京同志社。清光绪三十三年（1907），入美国胡桃山学校预科，先后获威尔士利学院理学学士、芝加哥大学食品化学硕士学位。1918 年，以论文《中国皮蛋和可食用燕窝的化学研究》，获芝加哥大学化学博士学位，人称“皮蛋博士”，为中国皮蛋研究第一人。卒后，芝加哥宝琳娜大街社区公园被命名为“王季茝公园”。

三女王季玉（1885—1967），景海女塾毕业。清宣统二年（1910），入日本长崎活水女校大学部预科。1912 年，考入美国麻省蒙特霍克女子大学，获理学学士学位。1915 年，入伊利诺伊大学攻读植物学，获硕士学位。1917 年归国，于苏州振华女校创办中学部，任教务主任，兼乐益女中常务校董。1926 年，接任振华女校校长。抗日战争时期曾在上海办学，抗日战争胜利后复校。1958 年后，供职于南京中国科学院植物研究所、杭州药物试验所。

王季玉校长雕像

四女王季山（1887—1949），何澄妻。清光绪三十二年（1906），参加其母王谢长达所组织的苏州天足会，任书记长，集会提倡抵制美国华工禁约。宣统元年（1909），毕业于苏州振华女校师范简易科。曾任教员。

幼女王季常（1890—1947），字律素。程增瑞儿媳。1933年，创办私立安定初级商科职业中学（后改名“安定中学”），自任校长。新中国成立后，学校先后改办为苏州工业专科学校、第十一中学。曾向苏州博物馆捐赠明王鏊巨型犀角马上杯等珍贵文物，并将重金所购宋版极品孤本《王状元集百家注编年杜陵诗史》归苏州图书馆珍藏。

1995年，十全街路面拓宽，怀厚堂北面沿街的建筑均被拆除重建。现存两路五进，东路为三进楼厅及两进平屋，已被间隔成多个院落，亟待保护修缮。原庭院中300多年的古罗汉松，现已经是十全街著名的景观。

王颂彬故居

王颂彬故居位于十全街 275 号的慎思堂，怀厚堂王宅的西面。王颂彬系王颂蔚的堂弟，明代大学士王鏊的后裔。王颂彬（1860—1919），原名叔钤，字韬函，号铁茶。国学生，选授福建兴化府仙游县泰兴司巡检。光绪二十三年（1897），改选江西广信府贵溪县上清镇巡检。宣统二年（1910），以“庸儒无能”被革职。

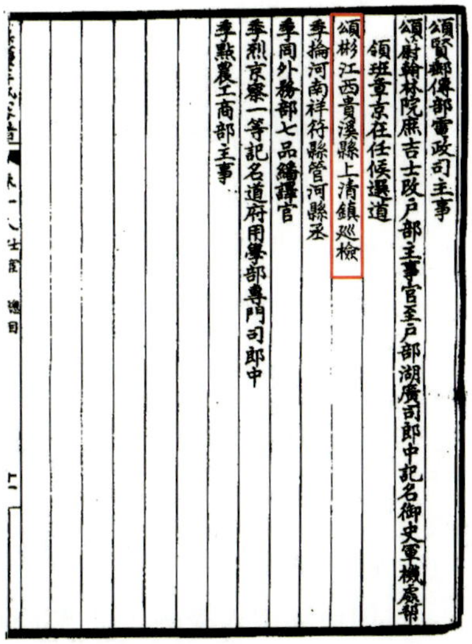
頌賢郵傳部電政司主事
頌蔚翰林院庶吉士改户部主事官至户部湖廣司郎中記名御史軍機處章
領班章京在任候選道
頌彬江西貴溪縣上清鎮巡檢
季掄河南祥符縣管河縣丞
季同外務部七品繙譯官
季烈京察一等記名道府用學部專門司郎中
季點農工商部主事

民国《莫厘王氏家谱》

慎思堂王宅坐南朝北，门厅已在 1995 年的十全街拓宽工程时拆除。第二进大厅面阔 3 间 9.8 米，进深 8.94 米，扁作梁，有桁间牌科。第三进为内厅，结构与大厅近似。

1988—1991 年，慎思堂王宅被列为苏州市“古宅新居”3 处试点改造项目之一。

古宅新居

李根源故居

李根源故居位于十全街 279 号，原门牌号为 54。1921 年 8 月，李根源买下前云南学政姚文倬在葑门新造桥的故宅，因母亲姓阙，故名“阙园”，又名“曲石精庐”。

民国《吴门园墅文献》载《阙园》：

李印泉为母阙太夫人作此园，吴县张一麐仲仁

吴中流寓多名贤，曲石先生此息肩。卫公功业轩天地，邺侯栖遯拟神仙。风尘澒洞何时已，泉石徜徉别有天。先生产自滇南徼，期门子弟夸彯狡。投笔非荣万里侯，请缨尚是三河少。碧鸡金马仗喑呜，风虎云龙起壮图。西陲经略苏卿节，南粤勋名马援珠。扬历承明依大树，又熏丹穴筦天枢。相贵群儿镇相斫，耆然长啸归林壑。试问横金盖世功，何如舞彩依亲乐。城南绿水敞名园，瑶草琪花缭短垣。白下争墩陋安石，衡山学道祖长源。图书插架呼龙犬，金石罗庭付鹤猿。太君日涉娱清景，呼僮扫花婢沦茗。甲第相望界绿杨，金镶不闭纡丹轸。坐中宾客酒盈樽，苏梅皮陆茅茹引。东西庑下两家春，我亦华笙韵里人。同章板舆祝眉寿，良辰美景属天伦。

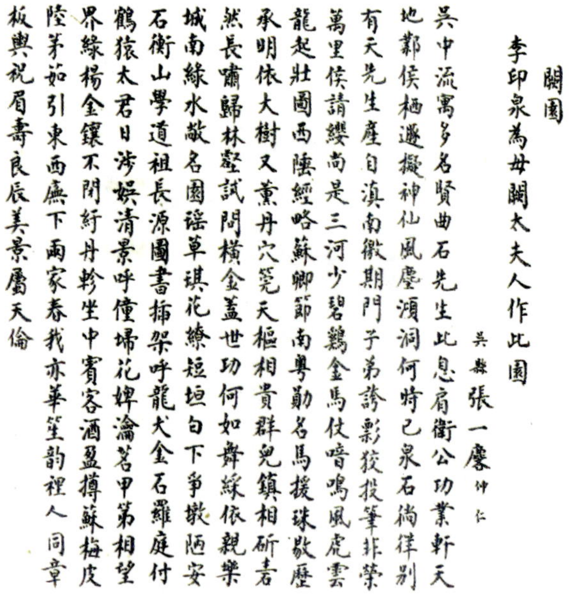
闞園
李印泉為母闞太夫人作此園　吳縣張一麐仲仁
吳中流寓多名賢曲石先生此息肩衛公功業軒天地鄴侯栖遯擬神仙風塵澒洞何時已泉石徜徉別有天先生產自滇南徼期門子弟誇彯狡投筆非榮萬里侯請纓尚是三河少碧鷄金馬仗喑鳴風虎雲龍起壯圖西陲經略蘇卿節南粵勛名馬援珠敭歷承明依大樹又熏丹穴筦天樞相貴群兒鎮相斫耆然長嘯歸林壑試問橫金蓋世功何如舞綵依親樂城南綠水敞名園瑶草琪花繚短垣白下爭墩陋安石衡山學道祖長源圖書插架呼龍犬金石羅庭付鶴猿太君日涉娛清景呼僮埽花婢瀹茗甲第相望界綠楊金鑲不閉紆丹軫坐中賓客酒盈樽蘇梅皮陸茅茹引東西廡下兩家春我亦華笙韵裡人同章板輿祝眉壽良辰美景屬天倫

民国《吴门园墅文献》

李根源（1879—1965），字雪生，又字印泉、养溪，别署高黎贡山人。云南腾冲人。清光绪三十一年（1905），加入中国同盟会。同年被推为云南留学生同乡会会长，创办《云南》杂志，宣传革命思想。武昌首义时，云南迅即响应。昆明重九起义成功后，蔡锷任大都督，李根源任军政部总长兼参议院院长。

1925 年 3 月，孙中山逝世后，李根源对政局失望，遂隐居苏州十全街，修曲石精庐。1931 年，李根源任《吴县志》总纂，撰写冢墓、金石卷，并接任吴中保墓会会长；1936 年，奔走营救沈钧儒等“救国会七君子”。“七七”事变爆发后，李根源与张一麐等组织“老子军”。淞沪会战时，李根源亲赴前线慰问将士，组成苏州各界抗敌后援会，收葬阵亡将士遗骸，建“英雄冢”于藏书五峰山、马岗山，披麻送国殇。新中国成立后，李根源历任西南军政委员会委员、全国政协委员。1959 年，他将所藏古籍、书画、文物捐给苏州文物管理会，1965 年 7 月 6 日，病逝于北京，后归葬于小王山。

李根源笃嗜金石之学，勤于辑纂著述，著有《景邃堂题跋》《吴郡西山访古记》《虎阜金石经眼录》《云南金石目略初稿》《曲石文录》《曲石诗录》《永昌府文征》《雪生年录》等 30 余种。

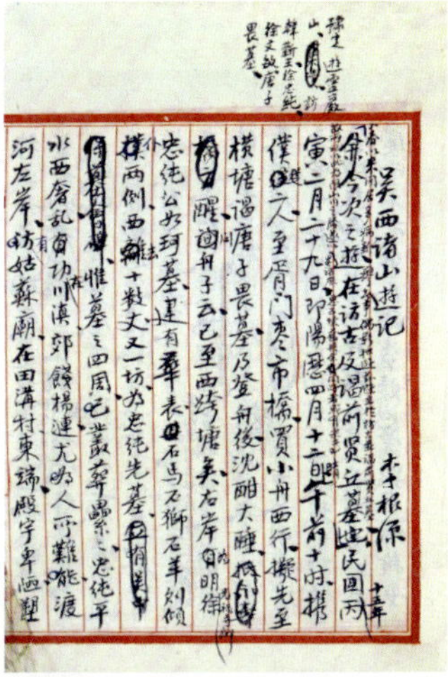
吴西诸山游记 李根源

《吴西诸山游记》（《吴郡西山访古记》）手稿

文保碑

李根源故居原有门屋、客厅、起居楼、书房和后庭园。起居楼为中西式三层楼房。后庭园约 200 平方米，有池塘，架九曲飞虹，建六角亭。1977 年，苏州饭店因基建需求，拆去了阙园的围墙、亭子，填没了池塘。现尚存起居楼。

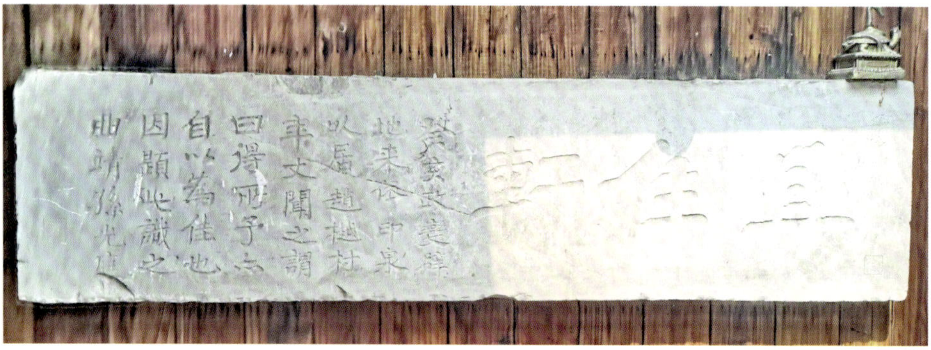

且住轩（孙光庭题）

李根源在十全街居住时，与其同住的还有其胞弟李根沄。李根沄（1891—1938），字武城，号武诚，1909 年考入云南陆军讲武堂，辛亥革命期间参加云南重九起义。

1923 年 11 月 8 日，孙中山赴石龙前线督战。12 日，叛军陈炯明破石龙，滇军第七师师长李根沄冒死突入重围，亲护孙中山登车，自己血战断后，此役后李根沄“善战声明，威震两粤”，事后写下《自樟木头回师石龙救大元帅孙公出险》一诗。

随李根源居于十全街的还有其族兄李学诗。李学诗（1874—1930），字希白，别号罗生山人，20 岁随父到缅甸经商，回国后至昆明五华书院读书，1907 年加入中国同盟会，1909 年入云南讲武堂学习。李学诗参与了张文光领导的腾越起义，半生戎马，南征北战，于 1919 年授陆军少将，获二等龙虎章。因奉命察勘滇缅边界，触瘴，他双耳严重失聪，后至苏州与李根源生活至逝世，葬于小王山。李学诗著有《罗生山馆》诗集五卷、文集一卷，《治平吟草》

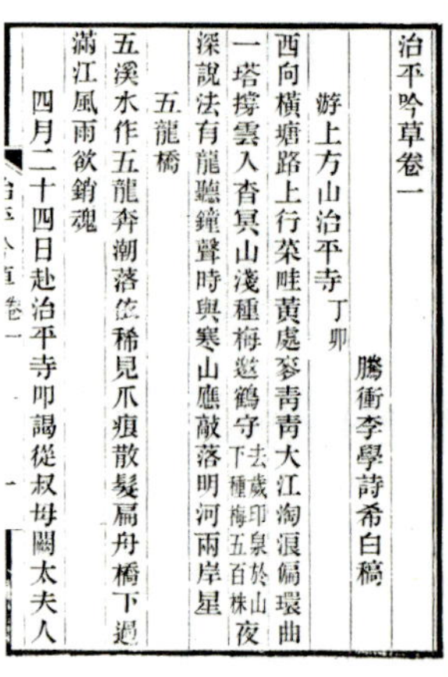

治平吟草卷一

騰衝李學詩希白稿

游上方山治平寺 丁卯

西向橫塘路上行菜畦黃處麥青青大江淘浪偏環曲一塔撐雲入杳冥山淺種梅巡鶴守（去歲印泉於山下種梅五百株）夜深說法有龍聽鐘聲時與寒山應敲落明河兩岸星

五龍橋

五溪水作五龍奔潮落依稀見爪痕散髮扁舟橋下過滿江風雨欲銷魂

四月二十四日赴治平寺叩謁從叔母闞太夫人

《治平吟草》四卷

四卷，《滇缅界务记》四卷、图一卷，《天南随笔》四卷，主纂《腾冲青齐李氏宗谱》五卷。

李学诗辞世后，墓志铭由于右任书，章炳麟撰写：“长驽之材，何驭之短。利器在躬，何体之瘴。憔悴之欤，爪牙之选欤。”是对他生平的总结。

李根源购买的宅子系曾任云南学政的姚文倬旧居，姚文倬之子姚克是著名的剧作家和翻译家，更被称为“洋状元”。

姚文倬（1858—1913），字稷塍，号谭庐，浙江杭州府仁和县人。光绪十二年（1886），朝考优贡，以教职用。十五年（1889），乡试中举。十六年（1890），庚寅恩科进士，改翰林院庶吉士。十八年（1892），授翰林院检讨。二十年（1894）至二十三年（1897），出督云南学政。二十七年（1901）十月，以试用道分发广东。二十九年（1903）五月，署广东督粮运试用道。九月，调赴福建。三十一年（1905）八月，补授福建兴全永道。十一月，赴任厦门道，善于外交，与日本领事馆巧以周旋，日领无法得寸进尺，如陈正龙案、本愿寺案等。三十二年（1906）四月，补授福建提学使。辛亥革命时，移居苏州十全街新造桥。1913年3月12日，在寓中病逝。

訃告

前清福建提學使姚公諱文倬字稷塍於本年陽歷三月十二日午時疾終蘇寓現擇於陽歷六月十三日設奠十四日舉襄恐各省寅年交游不及遍訃特此登報藉代赴

蘇州葑門內十泉街新造橋姚宅帳房具告

十泉街新造桥姚宅账房启事公告（《时报》1913年6月4日）

姚克（1905—1991），原名姚志伊、姚莘农，笔名姚克。生于福建厦门，于东吴大学文学院学习，后改读法学。1931年毕业后，姚克相继任上海世界书局、上海英文报社编辑，英文月刊《天下》的主编。1932年，翻译完成了鲁迅《短篇小说选集》的英译本，并与

姚克与鲁迅（1933年）

鲁迅成为交往密切的朋友。1936 年，姚克进入明星影片公司，创作电影剧本《吉人天相》。卢沟桥事变后，姚克是全国文艺界抗日统一战线组织中国剧作家协会最早的发起人之一，并参与制作三幕剧《保卫卢沟桥》。是年 8 月，姚克赴苏联参加戏剧节，而后赴美国耶鲁大学戏剧学院进修。1940 年回国后，姚克在圣约翰大学、复旦大学任教，在进步话剧运动的影响下，参与了中共地下组织领导的上海剧艺社的戏剧活动。1941 年，他和费穆创建天风剧团，主持演出了话剧《浮尘若梦》《十字街头》《梅花梦》等，编写了历史剧《清宫怨》。上海沦陷后，他创作了历史剧《楚霸王》《美人计》《蝴蝶梦》《西施》《秦始皇》《银海沧桑》等，撰述了专著《怎样演出戏剧》等。抗日战争胜利后，姚克担任兰心剧场经理，首演剧目是由他编剧的《热血五十年》，内容描写台湾回归祖国。1948 年，姚克赴香港，将《清宫怨》改编为电影《清宫秘史》。他先后为永华、长城、光华等影片公司编写《玫瑰玫瑰我爱你》《豪门孽债》《此恨绵绵》《一代妖姬》等电影剧本，同时执教于香港新亚书院、联合书院、中文大学。1965 年在美国加利福尼亚州立大学、太平洋大学教授现代中国文学和中国哲学史，后在夏威夷大学从事戏剧研究。

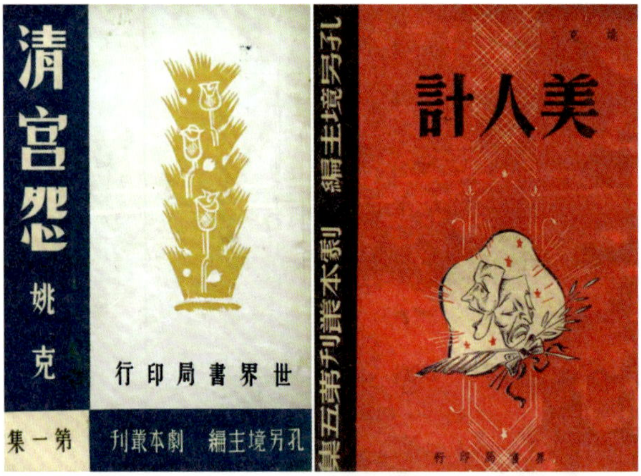

姚克作品

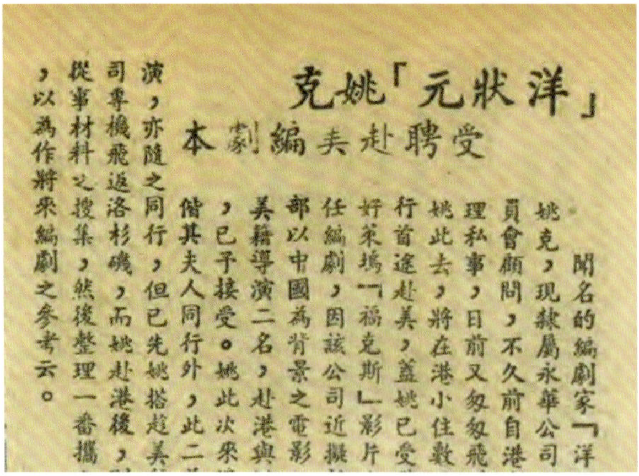

「洋狀元」姚克
受聘赴美編劇本

聞名的編劇家「洋
姚克，現隸屬永華公司
員會顧問，不久前自港
理私事，日前又匆匆飛
姚此去，將在港小住數
行首途赴美，蓋姚已受
好萊塢「福克斯」影片
任編劇，因該公司近擬
部以中國為背景之電影
美籍導演二名，赴港與
，已予接受。姚此次來
偕其夫人同行外，此二
演，亦隨之同行，但已先姚搭超美
司專機飛返洛杉磯，而姚赴港後
從事材料之搜集，然後整理一番攜
，以為作將來編劇之參考云。

《青青电影》（1949 年第 17 卷第 10 期）

何亚农故居

何亚农故居灌木楼位于十全街 249 号，由王颂蔚的女婿何亚农建于 1917 年，原占地 8 亩有余，与怀厚堂王宅一弄之隔，墙内墙外。

何澄（1880—1946），字亚农，号真山。山西灵石人，何怡贞、何泽慧、何泽瑛之父。清光绪二十七年（1901），作为山西首批赴日本留学生，入振武学堂，继入日本陆军士官学校第四期。三十一年（1905），加入中国同盟会。宣统元年（1909），毕业回国，被陆军部通国速成武备学堂聘为兵学教官。辛亥革命爆发后，南下协助陈其美谋划光复上海。1917 年，定居苏州。1940 年，购得网师园，收藏颇丰。1946 年，病卒于北京。

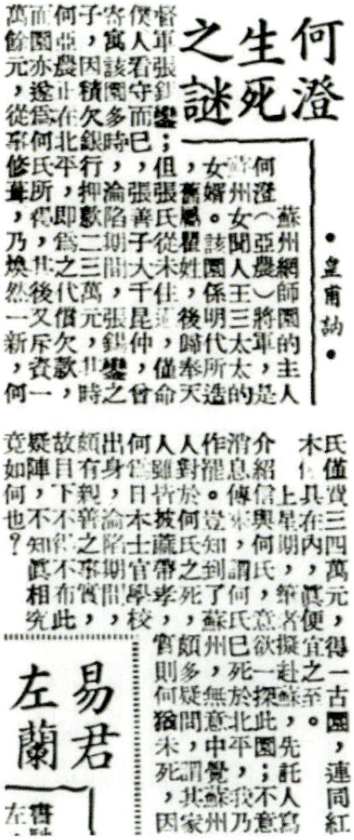
何澄生死之謎

·皇甫劼·

易君左蘭

《铁报》1947 年 7 月 2 日

何澄与王季山夫妇共育有五子三女，子何泽明、何泽勇、何泽庆、何泽原、何泽诚，女何怡贞、何泽慧、何泽瑛，有科学界“何氏三姐妹”之誉。

何怡贞（1910—2008），何澄长女，中国科学院院士葛庭燧夫人。1930 年毕业于金陵女子文理学院数理系，后在镇江教会学校任物理教员。次年，赴美国留学。1933 年，获马萨诸塞州蒙脱霍育克学院化学系硕士学位。1937 年，获

何氏三姐妹

美国密歇根大学物理系哲学博士学位。主要从事过渡金属的光谱学研究，最早标定和发表从可见光到紫外线的钇的光谱线，是中国光谱研究的先驱者之一。抗日战争全面爆发后回国，历任燕京大学、东吴大学沪校物理系讲师。1941年，与丈夫同赴美国，在马萨诸塞州艾满司脱学院、剑桥学院及芝加哥大学金属研究所从事光谱学研究。新中国成立后，举家回国。1950年，任燕京大学物理系教授，专长光谱学与光谱分析，并首先开拓非晶态物理及金属玻璃研究领域。曾参编《非晶态物理学》。

何泽慧（1914—2011），何澄次女，中国科学院院士钱三强夫人。1932年考入浙江大学物理系，1936年毕业于清华大学物理系。1940年获德国柏林高等工业大学博士学位。在德国海德堡皇家学院核物理研究所，她首先发现并研究了正负电子几乎全部交换能量的弹性碰撞现象；在法国巴黎法兰西学院核化学实验室，她与钱三强等合作首先发现并研究了铀的三分裂和四分裂现象。1948年回国，任北平研究院原子学研究所研究员。新中国成立后，曾任中国科学院原子能研究所、高能物理研究所研究员、副所长，为全国政协委员。与陆祖荫、孙汉城等合作研制成功对粒子灵敏的原子核乳胶探测器，制成对电子灵敏的核乳胶。在领导建设中子物理和裂变物理实验室、高山宇宙线观察站、高空气球及开展高能天体物理等领域有重要贡献。1980年，当选中国科学院数学物理学部委员，著有《原子能的原理和应用》。

何泽瑛（1923—？），何澄三女，农学家刘浩章夫人。1948年毕业于东吴大学生物系。先后进入中科院上海生物研究所与中科院南京植物研究所从事种子学、植物形态学方面的研究，成为我国植物学领域颇有成就的学者。

1955年，在“两渡书屋”发现一批何亚农珍藏的青铜器、字画、碑帖、玺印、古籍善本等，共计文物1374件、图书642册。何家后人共同决定将它们悉数捐赠苏州市文物管理会。

20 世纪 80 年代末，何泽瑛凭借儿时的记忆，指点在居所门前土山挖出了何亚农收藏的稀世石章 72 钮，悉数捐赠南京博物院。国家奖励何家 6 万元，何家将该笔款项捐给了教育机构。1990 年 9 月，南京博物院举办了“老同盟会员何澄先生遗藏印章捐赠展览”。

何亚农故居

门前土山

江长川故居

江长川

江长川牧师故居位于百步街8号，由民国年间担任圣约翰堂牧师时的江长川所建。江宅为青砖平房一幢，占地约320平方米，面阔5间，北出厢房，平面成凹字形。房顶有老虎天窗，壁炉的烟囱尚存。

江长川（1884—1958），上海人。宣统元年（1909）入东吴大学神学科，宣统三年（1911）获神学学士学位，是监理会第一个受正规神学院训练的中国教牧人员，在苏州读神学时即在上海慕尔堂实习讲道，毕业后一直在监理会各大教堂任牧师。1931年，被选为卫理公会两名华人会督之一。1920—1923年，担任圣约翰堂牧师。1927—1941年，任东吴大学董事会董事长。1958年，江长川病逝于上海。

江长川故居

徐景韩故居

徐景韩故居位于吴衙场16号，原门牌号为25，建成于1934年。徐景韩（1894—1952），字学潮，吴县人，1915年东吴大学化学专业毕业，后留校继续深造。徐景韩在龚士（Jones，E. V.）教授的指导下，研究水门汀制造。1917年，与陈调甫一同获化学硕士学位。东吴大学校长文乃史称：“他们是迄今为止能够确定的全中国最早的化学硕士。”后留校任教。1927年，获美国芝加哥大学物理学硕士学位，回国任东吴大学物理系教授、文理学院教务长。后加入中国科学社、中国物理学会。1933年，被教育部聘为天文数学物理讨论会会员。1937年苏州沦陷后，参与筹办东吴大学迁址上海租界相关事务。1943年，东吴大学与之江大学合办上海华东联合大学，徐景韩任该校训育长。抗日战争胜利后，以校董的身份参与复校工作，仍任教务长。1950年，兼任东吴大学校务委员会副主席，当选苏州市首届各界人民代表会议代表。

徐景韩

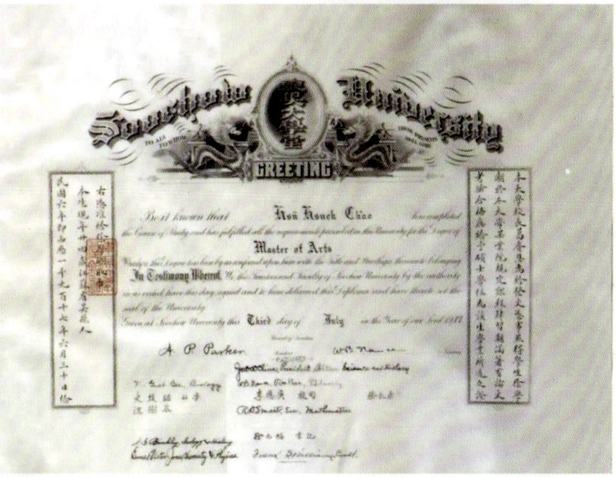

徐景韩（徐学潮）硕士文凭（1917年）

徐宅坐北面南，“徐界”的界碑在门侧。进门即为庭园，其后两层洋房带阁楼，楼北为自流井，再后是一排辅房及小花园。占地面积668.53平

◉徐景韓夫人汪祖壽女士獎學紀念金

文理學院徐教務長夫人汪祖壽女士。溫恭淑愼。戚黨稱賢。徐先生之服勞母校。勳功卓著。其夫人有以助之。乃天不假年。於本年七月遽爾謝世。景韓先生爲永久紀念其夫人起見。特徵一獎學金額。以嘉惠本學院學生之有志上進而經濟困難者。每年以國幣百元爲度云。

徐景韓夫人汪祖壽女士遺像

《老少年》（1933 年第 10 卷第 5 期）

方米，建筑面积 346.06 平方米。新中国成立后，徐宅曾住过著名画家王个簃、江苏师范学院外语系教授刘博等人，徐家后人仍居其中部分房间。

徐景韩的夫人汪祖寿于 1933 年 7 月病逝，为永久纪念其夫人，特置奖学金以嘉惠文理学院有志上进而经济困难学生。

徐景韩故居

自流井完好

顾仲华故居

顾仲华故居位于滚绣坊26号，古宅建于清中期，原主人不详。1921年，为画家顾仲华购得。顾仲华（1890—1975），名恩彤，以字行，号横山居士。江苏吴县人，通医，有爱花癖，艺菊尤有心得，为程小青所师事。书擅正楷。善画山水及工笔花鸟，山水师承“四王”，人物追随黄慎和费丹旭。弟子有沈祖棻、刘煦、张晋、戈壁等。曾任小学图画、手工教师。1922年，与胡粹中、朱士杰等创办苏州美术暑期学校，又创办苏州美术学校，与颜文樑、陈韶虞、朱士杰等组织苏州美术会。1923年，任苏州女子职业中学国画教师。1926年，发起并成立顾氏国画学社，自编教材，传授画艺。曾被聘为苏州艺专美术系主任。1929年，其荷花、花鸟、仕女等作品参展教育部第一次全国美术展览会。1956年后，任职于苏州市工艺美术研究所、苏州刺绣研究所，创作刺绣、缂丝稿等。著有《仲华画集》。

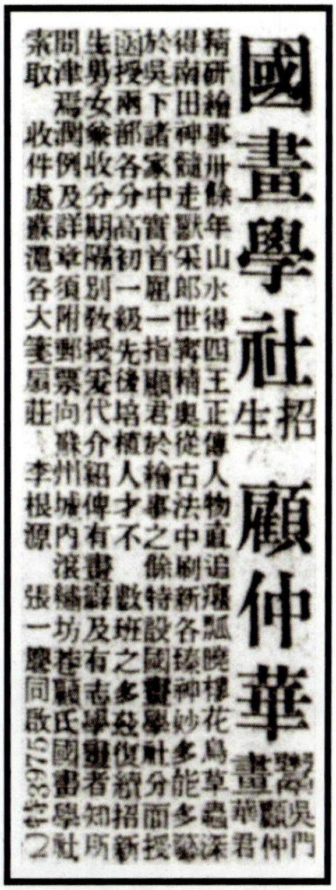
國畫學社招生 顧仲華

吳門顧仲華君

精研繪事卅餘年山水得四王正傳人物直追[illegible]甌晚擇花鳥草蟲深得南田神髓走獸采郎世寧精奧從古法中剛新各臻神妙多能多藝於吳下諸家中實首屈一指顧君於繪事之餘特設國畫學社分面授函授兩部各分高初一級先後培植人才不數班之多發復續招新生男女兼收分期隔別教授爰代介紹俾有[illegible]及有志學畫者知所問津爲潤例及詳章須附郵票向蘇州城內滾繡坊巷顧氏國畫學社索取收件處蘇滬各大箋扇莊

李根源 張一麐 同啟

《申报》（1927年8月18日）

顾宅坐北朝南，三路六进。原前有照

“玉山嗣美”门楼

墙临河而立，中嵌砖刻“鸿禧”二字。中路第二进，原有的砖雕门楼已毁，幸留存老照片一帧。字牌“谨确家风”，上款“雍正辛亥孟月”，落款“周范莲书”。中路第三进为大厅，面阔 3 间 10.45 米，进深 10.85 米。厅前有雍正九年（1731）砖雕门楼，字牌“玉山嗣美”，款识“雍正辛亥清和，为翰翁年先生书，蒋深”，印章“蒋深之印”和“苏斋”。

中路最后一进由顾仲华翻建于 1933 年。现存双面门楼，均由其岳父孔昭晋题写，南面字牌“秀虎家声”， 北面字牌“见龙世泽”，两面均上款“民国癸酉九秋”，落款“孔昭晋”及印章两枚。

“秀虎家声”门楼

“见龙世泽”门楼

叶圣陶故居

叶圣陶

叶圣陶故居位于滚绣坊青石弄5号（原6号），建于1935年。叶圣陶（1894—1988），原名叶绍钧，字秉臣，改字圣陶。现代作家、教育家、文学出版家和社会活动家，江苏吴县人。1930年年底，叶圣陶任开明书店编辑，编辑出版《妇女杂志》《中学生》《新少年》等刊物。抗日战争期间，发起并成立“文艺界抗敌后援会”。新中国成立后，叶圣陶曾任教育部副部长等职。叶圣陶创作了第一部童话集《稻草人》，长篇小说《倪焕之》，以及《多收了三五斗》等许多优秀短篇小说，有《叶圣陶集》行世。

叶圣陶故居庭院

1935年，叶圣陶以稿费在青石弄建屋。1936年2月，举家自沪回苏定居，并任振华女学国语教师。1937年9月，携全家离开苏州，辗转去四川等地。故居占地580平方米，建筑面积321平方米。院门东向，院北一排青砖青瓦朝南平房，面阔15.6米，进深10.57米。前为1.62米进深的走廊，砖砌方形檐柱，连以砖砌坐栏。其后等分为4间，上施泥墁，下铺地板，每间又以格扇分为内外两半，内为卧室，外为起居之所。西侧还有朝东附房一列，南部为庭院。

1984年年底，叶圣陶将老宅捐献给国家，后经整修成为苏州杂志社社址。

苏雪林故居

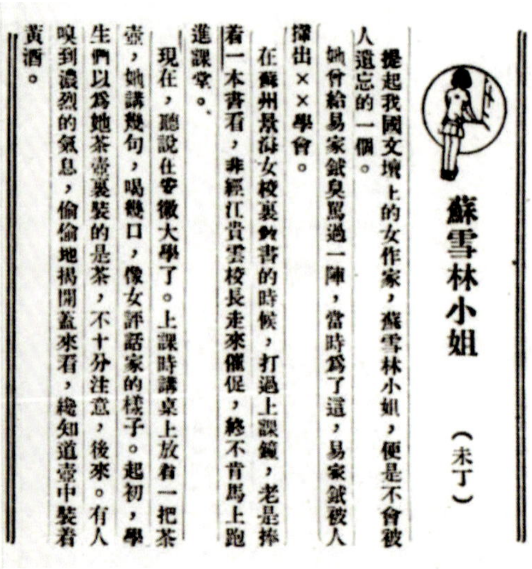

蘇雪林小姐 （禾丁）

提起我國文壇上的女作家，蘇雪林小姐，便是不會被人遺忘的一個。

她曾給易家鉞臭罵過一陣，當時爲了這，易家鉞被人擇出××學會。

在蘇州景海女校裏教書的時候，打過上課鐘，老是捧着一本書看，非經江貴雲校長走來催促，終不肯馬上跑進課堂。

現在，聽說在安徽大學了。上課時講桌上放着一把茶壺，她講幾句，喝幾口，像女評語家的樣子。起初，學生們以爲她茶壺裏裝的是茶，不十分注意，後來。有人嗅到濃烈的氣息，偷偷地揭開蓋來看，纔知道壺中裝着黃酒。

《苏州明报》（1935年10月12日）

苏梅《图画时报》（1928年第459期）

苏雪林故居位于百步街12号，建于1928年前后。苏雪林（1897—1999），生于浙江瑞安，祖籍安徽太平县岭下村（今属黄山市黄山区）。笔名瑞奴、瑞庐、小妹、绿漪、灵芬、老梅等。原名苏小梅，后因升入北京高等女子师范，将“小”字省去，改为苏梅。留法回国后，又以字为名，即苏雪林。现代著名作家、学者，其作品包括小说、散文、戏剧、文艺批评，在中国古代文学和现当代文学研究中成绩卓著，代表作为《心》《绿天》。曾与冰心、凌叔华、冯沅君和丁玲一起被当时文坛誉为最有成就的五大女作家，被喻为文坛的常青树。丈夫张宝龄是20世纪20年代东吴大学教授、理科主任。新中国成立后，任国家第一机械工业部专家。

截至20世纪80年代中期，曾在此居住过的有化学教育家程有庆、物理学家周孝谦、藏书家瞿光熙等。

衙署学堂

“城壮齐平”的长洲县衙

长洲县衙旧址在长洲路，宋《平江图》标其址为提刑司。清末，苏州府城由吴县、长洲县、元和县三县分治。长洲县在城内中部，西以石塘弄、护龙街、三元坊为界，与吴县相邻。东以楚胜桥沿北街河转临顿路河，经临顿桥、任蒋桥、众善桥，折史家巷至金狮子桥，折皮市街至广化寺桥，折旧学前至悬桥、醋坊桥、顾家桥，折干将河至草桥，折井义坊巷、胡书记桥、南仓桥，折十梓街河至平桥，折直街至乌鹊桥，折滚绣坊河至带城桥、带城桥弄，与元和县交叉相邻。

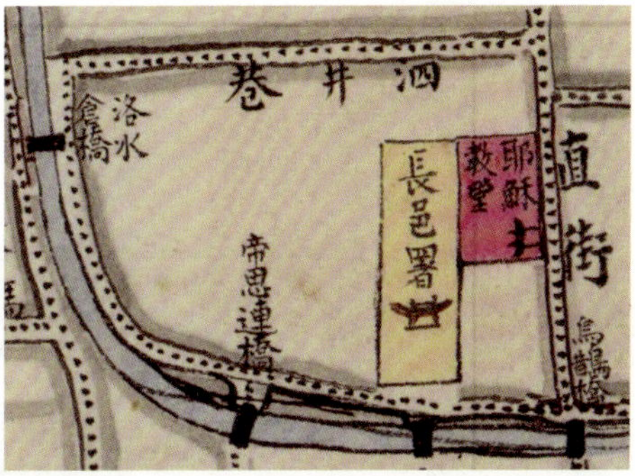

清代地图

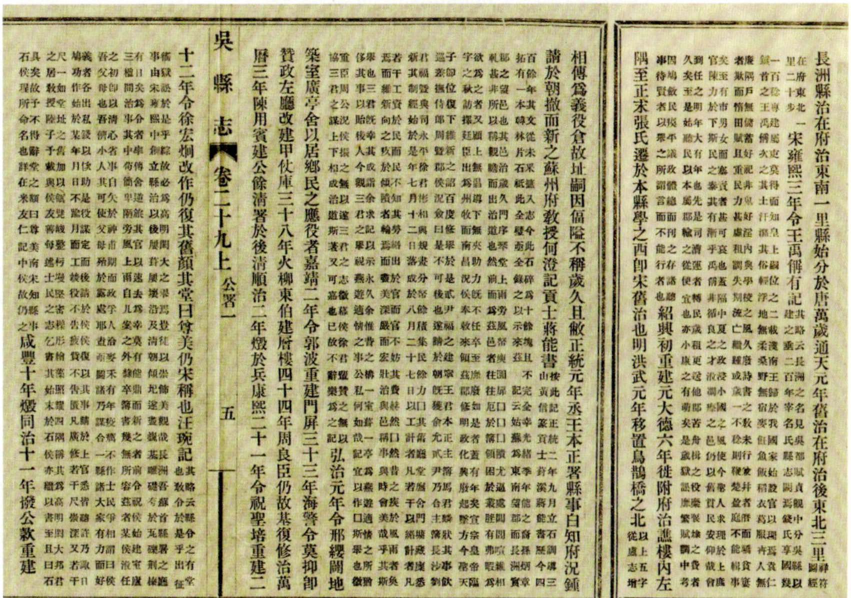

長洲縣治在府治東南一里縣始分於唐萬歲通天元年舊治在府治後東北三里
宋雍熙三年令王禹偁有記
紹興初重建元大德六年徙附府治譙樓內左
隅至正末張氏遷於本縣學之西卽宋舊治也明洪武元年移置烏鵲橋之北
相傳爲義役倉故址嗣因偪隘不稱歲久且敝正統元年丞王本正署縣事白知府况鍾
請於朝撤而新之蘇州府教授何澄記貢士蔣能書
弘治元年令邢纓闢地
築室廣亭舍以居鄉民之應役者嘉靖二年令郭波重建門屏三十三年海警令莫抑卽
贊政左廳改建甲仗庫三十八年火柳東伯建譙樓四十四年周良臣仍故基復修治萬
曆三年陳用賓建公餘清署於後清順治二年燬於兵康熙二十一年令祝聖培重建二
十二年令徐宏炯改作仍復其舊顏其堂曰尊美仍宋稱也汪琬記
咸豐十年燬同治十一年撥公款重建

吳縣志 卷二十九上 公署一 五

民国《吴县志》

民国《吴县志》载：“长洲县治，在府治东南一里。县始分于唐万岁通天元年。旧治在府治后东北三里。宋雍熙三年，令王禹偁有记。绍兴初，重建。元大德六年，徙附府治谯楼内左隅。至正末，张氏迁于本县学之西，即宋旧治也。明洪武元年，移置乌鹊桥之北，相传为义役仓故址。嗣因逼隘不称，岁久且敝。正统元年，丞王本正署县事，白知府况钟，请于朝，撤而新之。苏州府教授何澄记，贡士蒋能书。弘治元年，令邢缨辟地筑室，广亭舍以居乡民之应役者。嘉靖二年，令郭波重建门屏。三十三年，海警，令莫抑即赞政左厅改建甲仗库。三十八年，火，柳东伯建层楼。四十四年，周良臣仍故基复修治。万历三年，陈用宾建公余清署于后。清顺治二年，毁于兵。康熙二十一年，令祝圣培重建。二十二年，令徐宏炯改作，仍复其旧，颜其堂曰尊美，仍宋称也。汪琬记。咸丰十年毁。同治十一年，拨公款重建。”

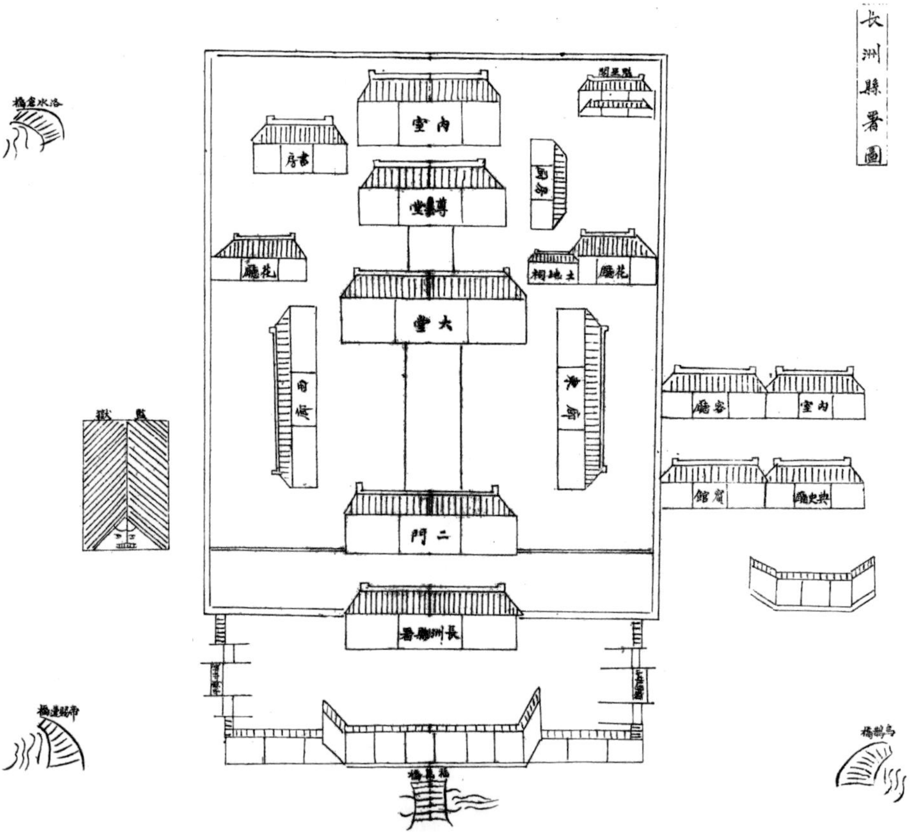

长洲县署图（民国《吴县志》）

长州县衙现状

长洲县衙门前两侧的牌楼栅门，东侧题额“山雄恩顾”，西侧题额“城壮齐平”。中路依次设大门、二门、大堂、尊美堂及内室，中路的东西两侧各有东廊、花厅、土地祠、厨房、书房、魁星阁，西廊、花厅、书房等。县衙外东侧设有典史厅、宾馆、客厅、内室；县衙外西侧建有监狱一所。

民国元年（1912），长洲县裁撤，县署旧址设吴县市乡董事公会及吴县农会、宪兵营等。1927年，该地归私立伯乐中学和中山体育专科学校使用。1940年，为汪伪江苏省警士教练所占用。1946年，归还伯乐中学。1956年，苏州市教育局接办改名“苏州市第五初级中学”。1971年，又改名“苏州市第十九中学”。1981年，成为苏州职业大学校址，现为苏州大学科技创业园。

纪念汪伯乐烈士的伯乐中学

汪伯乐

汪伯乐（1900—1926），原名德骐，祖籍安徽怀宁，生于吴县，因父母早亡而成孤儿。4 岁时由叔抚育，8 岁被送进苏州苦儿院，17 岁在院长推荐下，入江苏省立第一师范学校。汪伯乐尤精于演讲，曾作为学校代表赴上海参加比赛，获得优胜。五四运动期间，积极参与罢课、游行和治安执勤等各项学生运动，曾被推选为本校代表出席江苏学联会议，联络同学在旧学前文山小学开办工人夜校。1921 年毕业后，到市立小学和私立纯一小学任教。1923 年，与安徽同乡吕兆璜结婚，后生子汪经义、汪经农。

1919 年，北京爆发了“五四运动”，反帝斗争浪潮席卷全国。汪伯乐作为学生代表，参加了苏州学生联合会活动，并和 6 位同学在旧学前文山小学办起了一所工人夜校，夜校既成了他宣传新文化新思想的阵地，也成了接近群众，了解社会的课堂，为第一次国内革命战争时期苏州轰轰烈烈的群众运动准备了骨干力量。在与民众的接触中，他立下宏志，要把“社会运动”和“教育事业”作为自己毕生的事业。1925 年 9 月，中共苏州独立支部在乐益女中建立，随后汪伯乐加入了中国共产党。1926 年 6 月，汪伯乐担任苏州独立支部第三任支部书记。1926 年 12 月 16 日清晨，汪伯乐遭军阀孙传芳秘密杀害，后葬于葑门外安乐园。

为缅怀先烈，朱重明、朱家积等倡议创设伯乐初级中学，得到苏州各界响应。吴县行政委员会拨旧长洲署为伯乐中学校舍，1927 年 8 月正式开学，朱重明任校长，伯乐中学是苏州第一所男女兼收的完全中学。校园占地面积 15 亩多，校舍陆续扩充到 128 间。抗日战争全面爆发后，学校停办。1938 年 8 月，伯乐中学在上海复校。1946 年 1 月，接收苏州原有校舍。当年复校，并添办高中，由朱家积任校长。

新中国成立后，仍名“私立伯乐中学”。1952 年年初，高中部并入苏州市第一中学。1956 年，苏州市教育局接办，并改名“苏州市第五初级中学”。1971 年，又改名“苏州市第十九中学”。1981 年，成为苏州职业大学校址，现为苏州大学科技创业园。1987 年，在伯乐中学创办 60 周年之际，苏州市人民政府在学校旧址设立纪念碑。

蘇州 中山體育專門學校招生

（學額）爲童子軍教練班新生三十名體育系一二年級插班生各十名新生四十名（考期）第一次一月十日第二次二月五日均下午一時（開學）二月十日（校址）蘇州舊長洲署內 校長顧果教務主任朱重明

蘇州 伯樂初中添招二一年級插班生

（定名）本校爲紀念汪伯樂烈士而設故名伯樂初級中學（考期）第一次一月十日第二次二月五日均下午一時起（開學）二月十日（校址）蘇州舊長洲署內（章程）函索卽寄 校長朱重明

招生广告（《民国日报》1927 年 12 月 28 日）

伯乐中学校徽

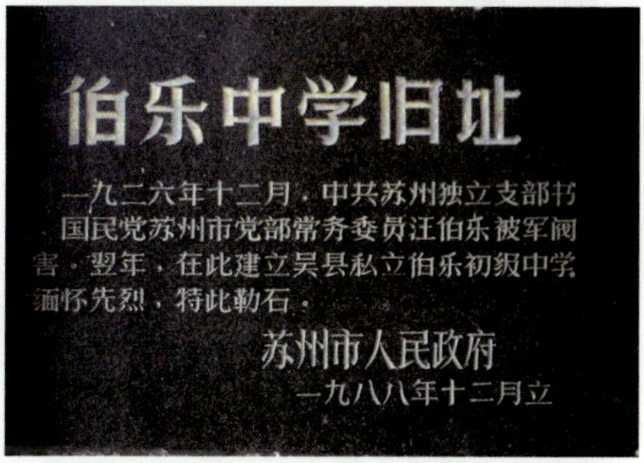

伯乐中学旧址纪念碑

“强身强种”的中山体育专科学校

中山体育专科学校曾经与伯乐中学共用长洲县衙旧址。1924年，已停办的中国体操学校校友顾极来、朱了洲、王怀琪、周德、谢景尚5人，决定创办一所新体育学校。朱了洲在苏州寻觅校址，周德、谢景尚及学生鲍尚书等筹得开办经费500元，并将中国体操学校未毕业学生带至苏州。学校于6月1日创办，定名为“苏州中国体育专门学校”，以“培养体育师资，强身强种，卫国御侮”作为立校精神。1927年4月，为纪念孙中山先生之忱，更名为“苏州中山体育专门学校”。1929年秋季，又按照当时教育部颁发的专科学校规程，正名为“苏州私立中山体育专科学校”。首任校长顾极来，朱了洲先任教导主任，后为校长。建校初借护龙街（人民路）朱姓房屋40余间为校舍，1925年9月5日又赁泗井巷俞氏房屋90余间为校舍。

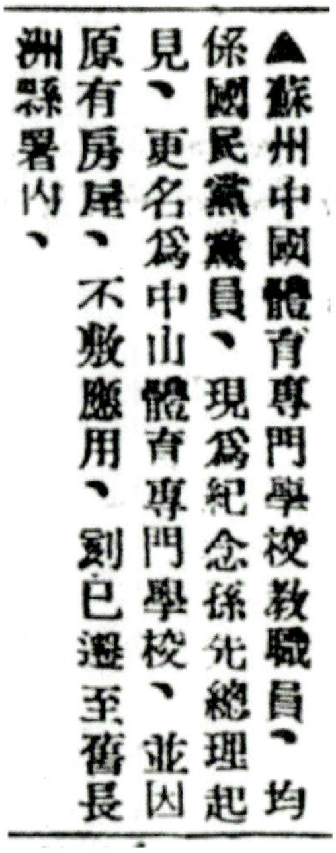
▲蘇州中國體育專門學校教職員、均係國民黨黨員、現爲紀念孫先總理起見、更名爲中山體育專門學校、並因原有房屋、不敷應用、刻已遷至舊長洲縣署內、

苏州中国体育专门学校更名迁址（《民国日报》1927年4月26日）

中山体育学校童子军教练班学生消防实习（1930年）

苏州中山体专校徽

1926年12月，学校训育主任汪伯乐就义南京。1927年春，为纪念汪伯乐烈士，吴县行政委员会拨旧长洲署为校舍，设伯乐中学，中山体育专科学校乃借伯乐中学校舍之半为校舍，年纳赁金1200元，充作伯乐中学经费。学校操场较小，但与吴县公共体育场相近，学生就携运动器具到体育场训练。1928年春，中山体育专科学校正式成立校董会，由贾士毅、张道藩、吴济时、金国宝等社会知名人士任校董，并公推贾士毅先生为主席校董。

教育部根據報告

着中山體專停辦

蘇州快訊　蘇州私立中山體育專科學校、設備簡陋、濫招新生、貽誤青年、對於校務方面、亦無確切負責人員、教部接得此項報告後、已於四月二十八日着令停辦、茲將訓令原文錄後、

查蘇州私立中山體育專科學校、自校董會董事長辭職、校長離校他去、校務無人負責、曾經本部訓令該廳、迅飭該校校董會限期召集校董會議、解决一切問題、並令在無確當整理辦法以前、未經本部核准、不得招生在案、茲該校經本部派員視察、據送報告略稱、校長朱重明自去年五月赴日、迄今未回、校董會自董事長賈士毅辭職後、據云曾開會一次、並無會議記錄、究竟曾否開會、無法證明、校務先後由黃伯斌及錢蟠松維持、是否合法、亦無從查考、部令該校停招新生後、上年秋季及本年春季、仍招新生及轉學生、所收學生、多由介紹、不經考試、現校中管敎毫無、校舍狹隘破壞、設備簡陋不全、情形極爲紊亂等情、據此、該校校務廢弛、無合法人員負責、且違令濫招新生、貽誤青年、應即飭令定辦、由校董負責、辦理結束、所有未經本部合准各生、其學籍均作無效、仰即轉飭遵照具報、此令、

中山体育专科学校停办（《时事新报》1936年5月15日）

中山体育专科学校开始先招体育本科一班，定期两年毕业，入学资格为中学毕业或后期师范学校毕业（相当于高中）。1926年2月，受江苏省童子军联合会之委托，特设童子军教练员训练班，修业期限，初定半年，后改1年。入学资格与体育本科相同。1929年春，又添设高中体育师范科，入学资格为须初中毕业，修业期限定为3年。中山体育专科学校自1924年创办，于1936年停办；1941年至1945年在江苏溧阳复校，后迁安徽歙县，17年间，共办了本科25届，师范科10届，童训班及暑期童训班10余期，毕业学生千余人。

中山体育专科学校校园现状

长、元、吴三县盐公堂

盐公堂旧址在吴衙场的东吴饭店内，盛家带设盐运码头，临河占地10亩。民国《吴县志》载：“督销局无定所，僦民屋以居。向章吴、长、元三县食盐，为浙盐分销口岸，故凡酱园盐肆，须领有两浙运使执照，方许开张。浙省另派一候补道员驻苏州，专司督销事宜，其所僦之屋，即以其局之名称之。又堆盐之栈曰盐公堂，在葑门内吴衙场，招商承其事焉。”

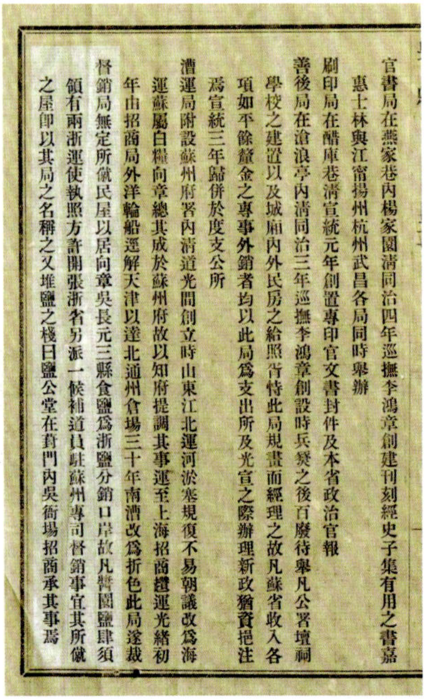
官書局在燕家巷內楊家園清同治四年巡撫李鴻章創建刊刻經史子集有用之書嘉惠士林與江甯揚州杭州武昌各局同時舉辦
刷印局在醋庫巷清宣統元年創置專印官文書封件及本省政治官報
善後局在滄浪亭內清同治三年巡撫李鴻章創設時兵燹之後百廢待舉凡公署壇祠學校之建置以及城廂內外民房之給照皆恃此局規畫而經理之故凡蘇省收入各項如平餘釐金之專事外銷者均以此局爲支出所及光宣之際辦理新政猶資挹注爲宣統三年歸併於度支公所
漕運局附設蘇州府署內清道光間創立時山東江北運河淤塞規復不易朝議改爲海運蘇屬白糧向章總其成於蘇州府故以知府提調其事運至上海招商輪運光緒初年由招商局外洋輪船運解天津以達北通州倉場三十年南漕改爲折色此局遂裁
督銷局無定所僦民屋以居向章吳長元三縣食鹽爲浙鹽分銷口岸故凡醬園鹽肆須領有兩浙運使執照方許開張浙省另派一候補道員駐蘇州專司督銷事宜其所僦之屋即以其局之名稱之又堆鹽之棧曰鹽公堂在葑門內吳衙場招商承其事焉

民国《吴县志》

官盐标记

盐在历代都是由政府直接管理，盐税为国家重要的财政收入之一，并严禁私盐买卖。

1952年，在盐公堂旧址设银行学校，校门在盛家带。1959年起，先后改为苏州地委招待所、苏州市政府招待所、葑门招待所。1979年，定名东吴饭店，现属苏州大学。

会计与信贷的苏州银行学校

1952年，在盐公堂旧址设中国人民银行华东区行银行学校，由中国人民银行华东区行主办，区行行长陈穆兼任校长，校门在盛家带11号。由苏南行署统一招收应届初中毕业生后分配至该校学习，首届学生280余人，第一学年以普通高中文化课为主，辅以少量专业课。第二学年起，分成会计、信贷2个专业，主要学习有关专业知识，兼学文化课。自第二学年下学期起，每学期安排一定时间去银行实习。

1953年，学校还在江苏省内招收一届新生，学生增至600余人，学生学制改为3年。1954年下半年，学校迁沪，与上海银行学校合并，更名为“上海银行学校”。设于乔司空巷的该校二部，迁入盛家带原校本部，易名为“中国人民银行苏州银行学校”。

中国人民银行苏州银行学校师生（1958年）

原校舍

1956年4月，上海银行学校迁回苏州盛家带原址办学，校名也改为“中国人民银行苏州银行学校”，至1959年停办。

校徽

江南三织造之苏州织造署

苏州织造署旧址在带城桥下塘，又称“织造府”“织造衙门”等。清康熙《苏州织造局志》载：“明嘉定伯宅改建总织局，规模壮丽、体制宏敞，厅事、廨宇、机房、吏舍罔不整备。”民国《吴县志》载：“织造府，在元和县葑门内，带城桥东。明时以内监兼理苏杭织造，于天心桥局中为馆舍，往来无常。清顺治三年，命内工部侍郎陈有明总理其事，即明嘉定伯周奎故宅改建，即今所也，自为记。康熙十三年，始专为苏州织造衙门，左为行宫，为南巡驻跸之所。其总局改设于孔副使巷。咸丰十年，毁于兵。同治十年，德寿重建，自为记。”

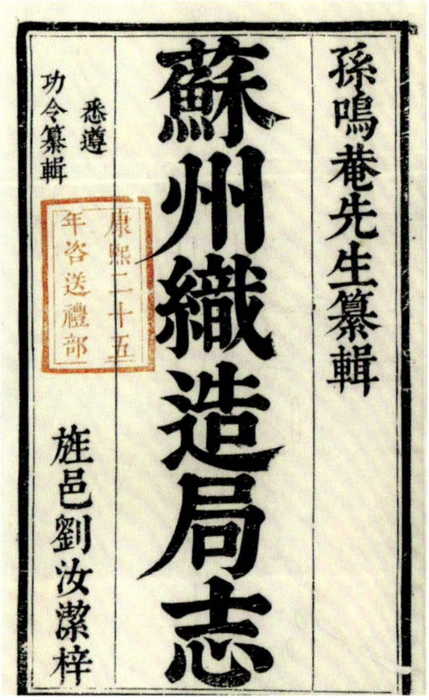
孫鳴菴先生纂輯
蘇州織造局志
康熙二十五年咨送禮部
悉遵功令纂輯
旌邑劉汝潔梓

清康熙《苏州织造局志》

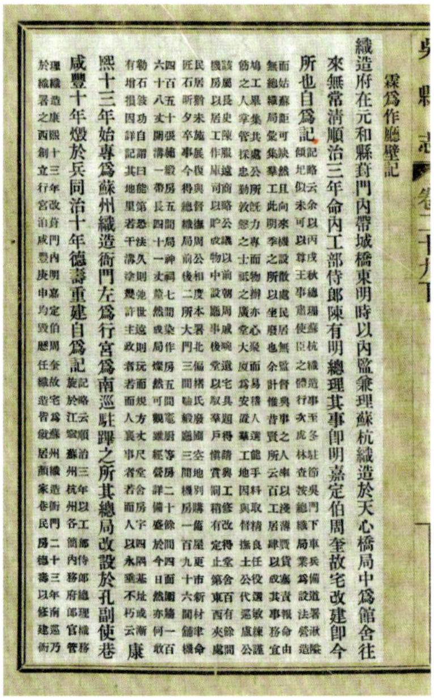
霖爲作廳壁記
織造府在元和縣葑門內帶城橋東明時以內監兼理蘇杭織造於天心橋局中爲館舍往來無常清順治三年命內工部侍郎陳有明總理其事卽明嘉定伯周奎故宅改建卽今所也自爲記
熙十三年始專爲蘇州織造衙門左爲行宮爲南巡駐蹕之所其總局改設於孔副使巷
咸豐十年燬於兵同治十年德壽重建自爲記

民国《吴县志》

清顺治三年（1646），工部侍郎陈有明奉旨总管苏州、杭州、江宁“江南三织造”，改建明嘉定周奎故宅为织造局，又称“苏州织造总局”，俗呼“南局”。以城中玄妙观西南的明代织染局旧址为织染局，俗呼“北局”。康熙十三年（1674），建立苏州织造署，由内务府派郎官掌管。

总织局迁孔付司巷以北，置织机800张，工匠2350名，织品专供皇室之需。康熙二十九年（1690）至三十二年（1693），曹雪芹祖父曹寅任苏州织造，后由曹寅内弟李煦继任。四十二年（1703），李煦改建织造署西花园为行宫，成为康熙、乾隆南巡驻跸之所。乾隆四十四年（1779），将东园（留园前身）的瑞云峰移入行宫。咸丰十年（1960），除假山外，建筑全部毁于兵火。同治十年（1871）重建。1918年，作为官产归第一医院使用，后由公安局教练所借用。1928年，改为私立振华女子学校使用。

苏州织造署旧址

织造署旧址现存头门、仪门等建筑，为同治年间所建。头门为硬山式，面阔3间13.4米，进深6.4米，脊柱间安断砌门3座，6扇门扉及门簪、下槛、抱鼓石等尚存。民国年间重建的多祉轩内，尚存清顺治《织造经制记》及乾隆、同治重修记等碑刻5方。

苏州织造署

南巡行宫遗址的瑞云峰

康熙四十二年（1703），李煦改建织造署西花园为行宫，成为康熙、乾隆南巡驻跸之所。从《苏州织造府行宫图》所见，行宫坐北朝南，分为七路，其规模是南巡沿途占地最大的一座行宫。

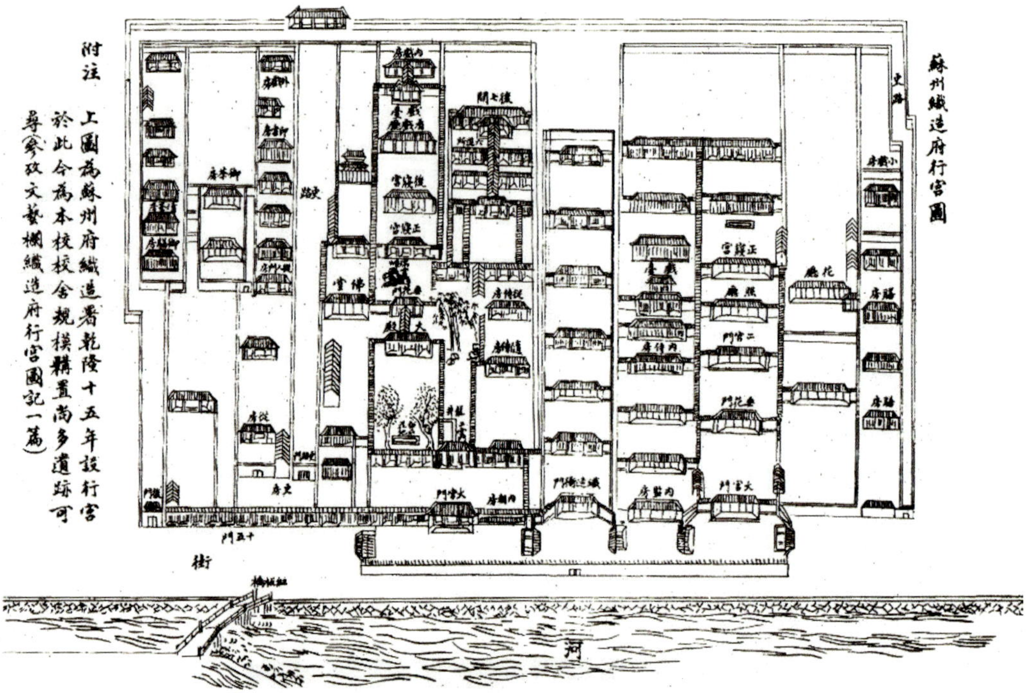

苏州织造府行宫图

行宫中的“凝怀堂”由康熙皇帝赐名，乾隆皇帝南巡也居住在这里，乾隆御题《凝怀堂》诗云：“三吴巡露冕，数宇驻宵衣。宝额悬瑶篆，凝怀揭妙机。尽蠲尘虑扰，常守道心微。展义将绳武，如临圣日辉。”

现存的南巡行宫遗址以瑞云峰为中心，南为草坪，西北有土岗。瑞云峰系北宋徽宗“花石纲”所遗太湖石奇峰。当时的应奉局特使朱勔采自太湖洞庭西山，拟运汴京，忽沉湖底。明代，为湖州南浔董份所得。万历中，归其婿太仆寺卿徐泰时，载回苏州阊门外的东园，即今留园前身，名为“瑞云峰”。清乾隆四十四年（1779），为迎接乾隆皇帝第五次南巡，瑞云峰被移至织造署的行宫内。

瑞云峰立于水池中，高5.12米，连盘座高6.23米，宽3.25米，厚1.3米，嵌空突兀，柔曲莹润，玲珑剔透，四面入画。被誉为“妍巧甲于江南”，“大江以南花石纲遗石”中的“石祖”，“江南三大奇石”之一。1957年，瑞云峰被列为江苏省文物保护单位。1979年，织造署花园被列入古典园林修复项目。1982年，修缮瑞云峰周围水池，加固危险假山。

瑞云峰

瑞云峰旧貌

为振兴中华而办的振华女子中学

振华女学校（民国）

振华女子中学旧址在带城桥下塘18号，北门在孔付司巷6号。清光绪三十二年（1906）十月十八日，王谢长达募捐千余元，创办振华女子两等小学堂，赁屋15间于严衙前之东小桥（今十梓街东段）。取名“振华”，旨在振兴中华。翌年，增设简易师范科。1915年秋，简易师范科停办，校舍迁至十全街王谢长达宅余屋，添办幼稚园。1918年，王谢长达之女王季玉留美回国，在振华女子小学及简易师范科师资基础上增设中学部，裁撤幼稚园。1921年，在严衙前开办大学预备科，添设图书部。1924年，王季玉赴美出席会议，由王佩铮、王季昭代理校务。1926年，王季玉自美回国接任校长。1928年秋，在苏州织造署旧址上兴建的校舍落成，中学部全部迁入。旧址为完全小学，中小学分办。中学部自此称振华女子中学。1932年，师范科停止招生。1934年，新建小学校舍于中学东面，小学部与中学部连在一起。1935年，学校设初、高中，各年级双轨。苏州沦陷后，部分师生随王季玉迁往太湖东山，由王佩铮、周振鹤等负责教学。此后，汪伪政府江苏省教育厅于振华校址开办江苏省立苏州女子中学。1938年至1942年，振华在上海借北京西路振粹小学复课，先后由杨季康、陈浣华任校长。抗战胜利后，于1945年10月15日，振华女子中学复校招生。同年12月23日，举行复校开学礼。

振华校董会成立于1920年12月，历届校董事长有杨敦颐、张一麐、俞庆棠。校董有文乃史、王謇、汪懋祖、何亚农、柏乐文、李根源、杨荫杭、叶楚伧、陶惟坻、蔡元培、蒋炳章等。

1953年1月，政府接办私立振华女子中学，改名“苏州市女子中学”；4月，江苏省教育厅决定将苏州市女子中学作为江苏师范学院的实习学校，并将原华东财校校舍，十全街133号，带城桥下塘9、12号等房屋拨归；8月1日，正式更名为“江苏师范学院附属女子中学”。1956年8月，学校开始招收男生，校名改称“江苏师范学院附属中学”。1959年，江苏师院附属实验中学并入。1969年4月8日，第一丝厂工宣队进驻学校，校名改为“苏州第一丝厂七一中学”。1970年9月，由苏州市教育局接办，正式改名为“苏州市第十中学”。1971年，苏州市第三十五中学并入。2000年7月，苏州市第八中学并入。

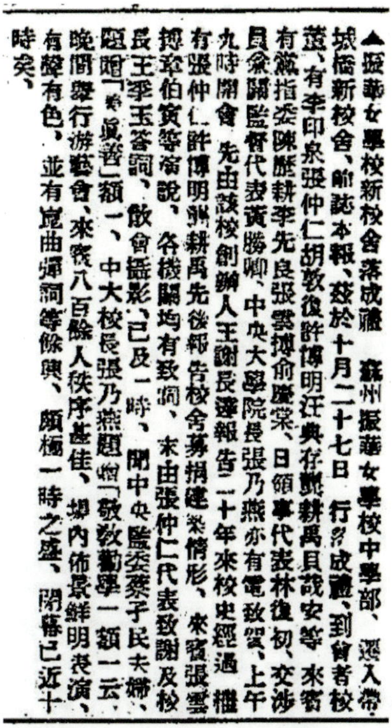
▲振華女學校新校舍落成禮　蘇州振華女學校中學部、遷入帶城橋新校舍、前誌本報、茲於十月二十七日行落成禮、到會者校董、有李印泉張仲仁胡敦復許博明汪典存戴耕禹貝哉安等來賓有蕭指委陳騰耕李先良張雲摶俞慶棠、日領事代表林復初、交涉員余歸監督代表黃勝卿、中央大學院長張乃燕亦有電致賀、上午九時開會、先由該校創辦人王謝長達報告二十年來校史經過、繼有張仲仁許博明戴耕禹先後報告校舍募捐建築情形、來賓張雲摶李伯寅等演說、各機關均有致詞、末由張仲仁代表致謝及校長王季玉答詞、散會攝影、已及一時、聞中央監委蔡子民夫婦、題贈「[illegible]眞善」額一、中大校長張乃燕題贈「敬教勸學」額一云、晚間舉行游藝會、來賓八百餘人秩序甚佳、場內佈景鮮明表演、有聲有色、並有崑曲歸洞等餘興、頗極一時之盛、閉幕已近十時矣、

振华女学校新校舍落成礼报道

纪念学校创始人王谢长达的长达图书馆

使苏州园林走向世界的网师园

网师园在阔家头巷，地近南园，原为南宋绍兴年间进士、枢密院编修、吏部侍郎史正志的“万卷堂”故址。史氏为扬州人，在淳熙初年奉祠归居苏州时营造了该座住宅，有花圃，称“渔隐”。意将泛舟五湖，渔隐终志。史逝后，其宅仅一传即不能保，费一百五十万缗之宅园，仅以一万五千缗售予常州丁氏。绍定年末，丁又不能保，园遂荒废。

网师园大门（民国）

网师园门前照壁（民国）

自宋末至清初，园的情况未见史料记载。

清乾隆年间，光禄寺少卿宋宗元（1710—1779）退隐回苏州。起宅第于此，为奉母养亲之所，浚池叠石，筑室构堂，自比渔人，因附近有“王思巷”，取其音相近，又寓渔隐之义，故名“网师小筑”。官至礼部侍郎加尚书衔的清著名文人沈德潜《网师园图记》云：“凭高瞻远，幽崖耸峙，修竹檀栾，碧流渺弥，芙蕖娟靓，以及疏梧蔽炎，丛桂招隐，凡名花奇卉无不萃胜于园中。”当时，园中有梅花铁石山房、半巢居、北山草堂、濯缨水阁、成影亭、小山丛桂轩、溪西小隐、斗屠苏、度香艇、无喧庐、琅玕圃等十二景，其中濯缨水阁、小山丛桂轩两个名称沿用至今。沈德潜所作《网师园图记》，是网师园现存最早且记载翔实、文笔俊美的重要文献。宋宗元当年命画师绘

《网师园图》，希望图与园并传于后世。宋无子，嗣子保邦，太学生，因讼事很快耗尽宗元遗银，售半宅他姓。乾隆五十一年（1787），园已旷如。乔木峰石大半损失，唯池水一泓，尚清澈无恙。

网师园园景（民国）

嘉庆元年（1796），太仓富商瞿远村，晚岁偶经宋氏网师园，见茂草圮屋，知主人求售，遂买下。因树石池水之胜，循园规模，重构堂轩，增建亭轩，叠石种树，布置得宜。有梅花铁石山房、小山丛桂轩、濯缨水阁、竹外一枝轩、月到风来亭等八处建筑。不改旧名，仍称网师园，后有人以园主姓瞿改称“瞿园”。园成，请文史学家钱大昕撰《网师园记》。翌年，瞿之姻家弟褚廷璋亦作《网师园记》，钱、褚所记均刻石嵌于轿厅廊西间壁上。这次重建形成了现在网师园之规模和基本格局。此后只是零星有所增补而已。

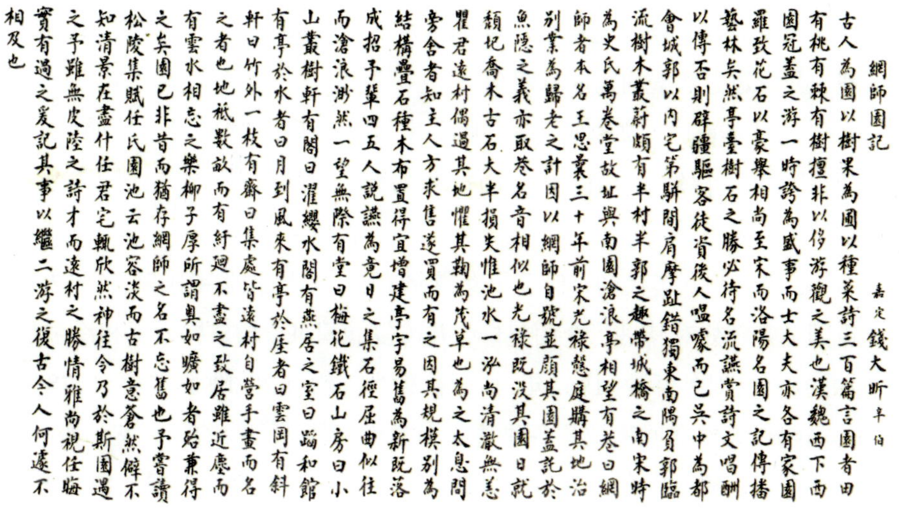

網師園記

嘉定錢大昕辛楣

古人為園以樹果為圃以種菜詩三百篇言園者曰有桃有棘有樹檀非以侈游觀之美也漢魏而下西園冠蓋之游一時誇為盛事而士大夫亦各有家園羅致花石以豪舉相尚至宋而洛陽名園之記傳播藝林矣然亭臺樹石之勝必待名流讌賞詩文唱酬以傳否則辟疆驅客徒資後人嗢噱而已吳中為都會城郭以內宅第駢闐肩摩趾錯獨東南隅負郭臨流樹木叢蔚頗有半村半郭之趣帶城橋之南宋時為史氏萬卷堂故址與南園滄浪亭相望有巷曰網師者本名王思褱三十年前宋光祿慤庭購其地治別業為歸老之計因以網師自號並顏其園蓋託於魚隱之義亦取巷名音相似也光祿既沒其園日就頹圮喬木古石大半損失惟池水一泓尚清澈無恙瞿君遠村偶過其地惜其鞠為茂草也為之太息問旁舍者知主人方求售遂買而有之因其規模別為結構疊石種木布置得宜增建亭宇易舊為新既落成招予輩四五人談讌為竟日之集石徑屈曲似往而滄浪渺然一望無際有堂曰梅花鐵石山房曰小山叢桂軒有閣曰濯纓水閣有燕居之室曰蹈和館有亭於水者曰月到風來有亭於厓者曰雲岡有斜軒曰竹外一枝有齋曰集虛皆遠村自營手畫而名之者也地祗數畝而有紆迴不盡之致居雖近廛而有雲水相忘之樂柳子厚所謂奧如曠如者殆兼得之矣園已非昔而猶存網師之名不忘舊也予嘗讀松陵集賦任氏園池云池容淡而古樹意蒼然僻不知清景在盡付任君宅輒欣然神往今乃於斯園遇之予雖無皮陸之詩才而遠村之勝情雅尚視任晦實有過之爰記其事以繼二游之後古今人何遽不相及也

钱大昕《网师园记》

道光初年（1821），园归天都吴氏。

同治年间，江苏按察使李鸿裔罢官后，购得网师园作宅居。得园后加以葺治，浚沼养鱼，种竹艺花，着野服朱履徜徉园中，拥书数万卷闭门阅读。园内殿春簃现北匾额为李手书。李精书法，工诗古文。现网师园 32 方书条石中有一半系李手书，因园与苏子美沧浪亭相近，李氏自号“苏邻”，园亦更名“苏邻小筑”。李无子，嗣子字少眉于园内增建撷秀楼，著名文史学家俞樾为其书匾。

光绪三十三年（1907），满人馨山将军达桂，因“见摈于时”退居苏州，携眷住进网师园，时池馆已荒，达桂“以芟以葺，乃复旧观”。半年后，黑龙江将军程德全来园访问，酒酣之余回忆在东北往事，相谈甚欢，程德全书碑记有其事，碑石置于蹈和馆走廊。

1917 年，张作霖将从达桂手中购得的网师园赠其师张锡銮。旧有黎元洪书赠张锡銮的匾额，改称“逸园”，俗称“张家花园”，筑琳琅馆、道古轩诸胜。但张锡銮本人并未住此园。张善孖、张大千兄弟因与张锡銮之子张师黄友善，借寓于此，与叶恭绰同居宅园。张善孖在园内饲养乳虎，驯伏不威，揣摩写生。乳虎死后埋骨于殿春簃庭院西假山石旁。事隔 40 多年，张大千年事已迈，病中怀思网师园和长逝的乳虎，特写下“先仲兄所豢虎儿之墓”之墓碣，辗转邮苏。于 1986 年将其墨迹刻石并砌在埋虎儿塚边之墙壁间，以志纪念。

1940 年前后，文物鉴赏家、收藏家何亚农买下“逸园”，复原名“网师园”。把“竹外一枝轩”由封闭式改为敞轩，殿春簃院内门洞上砖头“真意”为何手书。

20 世纪 50 年代初，何氏子女遵父遗嘱，将园捐献给国家。1957 年，市园林管理处对其进行全面整修，并恢复涵碧泉，增建梯云室和冷泉亭。1958 年秋，对外开放。1963 年，该园被列为苏州市文物保护单位。1978 年，美国纽约大都会博物馆筹备建造陈列明代家具和文物的陈列室，派人到苏州考察，确定以殿春簃为蓝本，造“明轩”于博物馆二层。1982 年，网师园被公布为全国重点文物保护单位。1983 年，网师园宅园模型，参加法国巴黎蓬皮杜国家艺术文化中心展出，蜚声海外。1990 年，网师园与中国国际旅行社苏州支社和文化部门联合创办古典园林夜游活动。1998 年，网师园被列入《世界遗产名录》。

网师园园景（民国）

网师小筑

苏州市委书记刘小涛现场调研十全街，要求打造古城保护更新示范街区

十全街改造提升大事记

2023 年

◆ 11 月 30 日，苏州国家历史文化名城保护工作领导小组办公室主任方文浜，常务副主任施嘉泓，副主任张焱、陈羔召开领导小组办公室第 23 次会议，会议要求加快十全街综合整治提升工作。

（苏名城保护办发〔2023〕9 号）

◆ 12 月 2 日，苏州市委书记刘小涛结合开展主题教育，专题调研十全街保护更新情况，现场研究部署提升工作。强调要深入学习贯彻习近平总书记对江苏、苏州工作的重要讲话和重要指示精神，坚持以人民为中心的发展思想，加强历史文化遗产保护，积极创新保护利用机制，更大力度推动环境提升、功能完善、业态升级，全力打造更具底蕴、更具特色、更具人气的古城示范街区。市领导王飏、方文浜、施嘉泓，市有关部门和单位主要负责同志参加调研。

◆ 12 月 4 日，苏州市委常委、保护区党工委书记、姑苏区委书记方文浜主持召开十全街整治提升专题会议，传达了市委主要领导专题调研十全街提升工作有关要求，各参会部门研究讨论工作任务清单并达成一致意见。

（保护区、姑苏区〔2023〕170号）

◆ 12月5日，苏州名城保护集团成立十全街整治提升工作专班，第一组长孙黎峰，组长王晋，副组长陈育军、叶剑、陶婷婷、姜林强、祝月村。

◆ 12月6日，姑苏区成立十全街综合整治提升工作专班，主任陈羔，执行副主任杨跃。副主任刘军、尤佩红、陈实、刘叶明、徐红霞、王晋、陆卫、吴迪、邓东、华建男、陆文明、李忠、雷波、葛昕、周强、李继业、朱依东。

（苏名城保护办发〔2023〕135号）

◆ 12月10日，保护区、姑苏区第28期“社情民意联系日”活动，苏州市委常委、保护区党工委书记、姑苏区委书记方文浜主持召开十全街综合整治提升社情民意座谈会，与企业负责人、居民、商户面对面交流，充分征求大家对十全街综合整治提升的意见建议。

◆ 12月12日，保护区管委会主任、姑苏区区长陈羔主持召开十全街综合整治提升工作专班会议。会议听取了苏州市自然资源和规划局姑苏分局关于十全街规划设计、市公安局交警支队关于十全街交通组织等初步方案的汇报，就相关事项进行了充分讨论并达成一致意见。

（姑苏十全街专班〔2023〕2号）

◆ 12月13日，姑苏区副区长葛昕、杨跃主持召开十全街综合整治提升工作规划建设组协调会。会议听取了苏州市自然资源和规划局姑苏分局关于十全街专项规划设计、姑苏区城市管理委员会关于十全街功能照明及景观照明提升初步方案的汇报，就相关事项进行了充分讨论并达成一致意见。

（姑苏十全街专班〔2023〕3号）

◆ 12月19日，姑苏区委常委华建男，姑苏区副区长杨跃、俞锋主持召开十全街综合整治提升工作专班例会。会议传达了施嘉泓副市长专题调研十全街综合整治提升工作指示精神，听取了十全街规划设计进展情况，氿酒吧、星造桥、吴衙场等 3 个重要节点设计方案及先行实施准备情况，元旦、圣诞活动策划情况，交通优化工作进展情况等汇报，就相关事项进行了充分讨论并达成一致意见。

（姑苏十全街专班〔2023〕4 号）

◆ 12 月 21 日，保护区管委会主任、姑苏区区长陈羔，姑苏区委常委华建男，姑苏区副区长杨跃，专家组组长邓东与姑苏区住房和建设委员会、苏州市自然资源和规划局姑苏分局、苏州名城保护集团、中规院苏州中心等相关部门主要负责人一行，带领规划、交通、市政、景观、建筑、照明等主要设计团队自西向东考察十全街现状，并现场对设计方案提出指导意见，明确设计方向与要点。

◆ 12 月 25 日，姑苏区副区长杨跃主持召开十全街综合整治提升工作相关事项研究会。会议听取了苏州市自然资源和规划局姑苏分局关于十全街规划设计方案、苏州名城保护集团关于项目立项进展情况等的汇报，就相关事项进行了充分讨论并达成一致意见。

（姑苏十全街专班〔2023〕5 号）

2024 年

◆ 1 月 4 日，苏州名城保护集团董事长孙黎峰、姑苏区副区长杨跃主持召开十全街综合整治提升工作规划方案专题会议。会议传达了苏州市委书记刘小涛对智库专家关于十全街专题调研通报的批示精神，听取了苏州市自然资源和规划局姑苏分局关于整体规划设计方案的汇报。会议研究统一了整治提升的改造方向、策略，确立了设计方案的思路、脉络，为整治提升的有序实施奠定了坚实的基础，并就相关事项进行了专题部署。

（姑苏十全街专班〔2023〕6 号）

◆ 1 月 8 日，苏州市委常委、保护区党工委书记、姑苏区委书记方文浜主持召开十全街暨古城人居环境和空间品质综合提升工作专题会议。会议听取了项目立项实施计划推进、交通组织优化方案提升、公交线路式样制定、非机动车停车建设管理及春节期间街区活动组织筹备等情况，就相关事项进行了充分讨论并达成一致意见。

◆ 1 月 12 日，姑苏区召开十全街综合整治提升项目建设相关事项研究会。会议听取了十全街交通组织优化及整体项目立项推进情况，就相关事项进行了充分讨论并达成一致意见。

（姑苏十全街专班〔2023〕7 号）

◆ 1 月 23 日，姑苏区召开十全街综合整治提升工作专题会议。会议听取了项目立项实施计划推进、交通组织优化提升方案、公交线路式样制定、非机动车停车建设管理及春节期间街区活动组织筹备等情况，就相关事项进行了充分讨论并达成一致意见。

（姑苏十全街专班〔2024〕1 号）

◆ 1 月 30 日，姑苏区召开十全街综合整治提升工作专题会议。会议听取了架空线入地、自来水管施工、项目整体时序计划、节日期间氛围营造及活动组织等情况的汇报，研究了十全广场地块收储相关事宜，就相关事项进行了充分讨论并达成一致意见。

（姑苏十全街专班〔2024〕2 号）

◆ 2 月 14 日，苏州市委书记刘小涛调研十全街试验段氛围灯先行实施情况。

◆ 2 月 23 日，保护区管委会主任、姑苏区区长陈羔主持召开十全街综合整治提升工作专班例会。会议听取了专班办公室关于十全街综合整治提升工作推进情况、苏州名城保护集团关于项目整体施工组织计划及进展情况的汇报，就相关协调事项进行了充分讨论并达成一致意见。

（姑苏十全街专班〔2024〕3 号）

◆ 3 月 7 日，姑苏区召开十全街综合整治提升工作专班例会。会议听取了苏州名城保护集团关于项目整体推进进度和“十全十景”重点打造计划、双塔街道关于电瓶车立体车库场地协调情况的汇报，就相关协调事项进行了充分讨论并达成一致意见。

（姑苏十全街专班〔2024〕4号）

◆ 3月14日，姑苏区召开十全街综合整治提升工作专班例会。会议听取了整体项目进展情况，“十全十景”策划方案及人民路口、乌鹊桥、十全广场3个重要节点优化方案，电瓶车立体车库建设推进情况，非机动车停车点位建设管理情况的汇报，就相关事项进行了充分讨论并达成一致意见。

（姑苏十全街专班〔2024〕5号）

◆ 4月5日，苏州市副市长施嘉泓现场调研苏州古城人居环境和空间品质提升进度，听取十全街项目综合提升方案和计划进度。

◆ 4月6日，苏州市委书记刘小涛与中国工程院院士吴志强，现场调研十全街保护更新、综合提升改造情况。市领导方文浜参加调研。

◆ 4月13日，苏州市委书记刘小涛结合“四下基层”要求，调研苏州古城人居环境和空间品质综合提升工作。一路察看道路两侧环境设施、业态布局，了解十全街综合更新提升项目建设进度，要求丰富功能布局，提升业态品质，完善消防、充电桩等设施设备，打造古城保护更新示范街区。市领导王飚、方文浜、施嘉泓，市有关部门和单位主要负责同志参加调研。

◆ 4月17日，姑苏区召开十全街综合整治提升工作专班例会。会议传达了苏州市委主要领导调研古城人居环境和空间品质综合提升工作精神，听取了十全街更新提升项目进展情况、电动自行车立体停车库建设情况的汇报，就相关事项进行了充分讨论并达成一致意见。

（姑苏十全街专班〔2024〕6号）

◆ 4月25日，姑苏区副区长杨跃、俞锋现场踏勘十全街整治提升情况并召开专题会议。会议听取了十全街更新提升项目进度计划，就相关事项进行了充分讨论并达成一致意见。

（姑苏十全街专班〔2024〕7号）

◆ 5月3日，姑苏区召开十

全街综合整治提升工作专题会议。会议传达了姑苏区委主要领导对十全街环境整治提升工作的要求，就十全街沿街道板、沿河两侧线缆、非机动车辆秩序、环卫保洁及沿街外摆方案等事项进行了充分讨论并达成一致意见。

（姑苏十全街专班〔2024〕8号）

◆ 5月7日，苏州市委常委、保护区党工委书记、姑苏区委书记方文浜主持召开十全街综合整治提升工作专题会议。会议听取了十全街项目整体进度、沿街道板优化调整方案、十全河两侧管线整治方案、人行道板外摆指导方案、非机动车辆秩序管控情况的汇报，并就相关事项进行了专题研究部署。

（姑苏十全街专班〔2024〕9号）

◆ 5月16日，姑苏区召开十全街综合整治提升工作专题会议。会议听取了十全街项目整体进度，商户台阶情况，多杆合一、城市家具等方案，电动自行车立体停车库建设情况的汇报，并就相关事项进行了专题研究部署。

（姑苏十全街专班〔2024〕10号）

◆ 5月30日，姑苏区召开项目推进会议。会议听取了十全街项目施工整体推进情况、十全街沿街（沿河）景观照明方案、侧分带花境设计效果方案、沿街城市家具施工计划、M+产业园机动车立体停车库实施方案、电子抓拍工作开展情况及十全街沿线环卫保洁和绿化管养共建共治事项的汇报，并就相关事项进行了专题研究部署。

（姑苏十全街专班〔2024〕11号）

◆ 6月7日，保护区管委会主任、姑苏区区长陈羔现场踏勘十全街整治提升情况并召开项目推进会议。会议听取了主路改造等项目整体施工情况、人民路入口标识等设计方案、高校公交专线开通等活动开展情况的汇报，并就相关事项进行了专题研究部署。

（姑苏十全街专班〔2024〕12号）

◆ 6月24日，姑苏区召开十全街综合整治提升工作交通组织协调会。会议讨论了十全街主街及周边交通组织优化工作，并就相关事项进行了专题研究部署。

（姑苏十全街专班〔2024〕13号）

◆ 6 月 29 日，举办十全街综合提升暨十全广场启用仪式。苏州市委副书记、市长吴庆文，苏州市委常委、常务副市长顾海东，苏州市委常委、姑苏区委书记方文浜，苏州市副市长查颖冬、施嘉泓等领导及市有关部门和单位负责同志、商户代表、居民代表等参加活动。

◆ 7 月 1 日，姑苏区召开十全街长效管理专题会议。会议听取了双塔街道办事处、姑苏区城市管理委员会、名城保护集团关于十全街长效管理工作方案及近期工期计划的汇报，并就相关事项进行专题研究部署。

（姑苏十全街专班〔2024〕14 号）

◆ 7 月 22 日，姑苏区召开十全街综合整治提升工作专题会议。会议听取了项目施工推进情况及长效管理工作的汇报，并就相关事项进行了专题研究部署。

（姑苏十全街专班〔2024〕15 号）

◆ 8 月 6 日，姑苏区召开十全街综合整治提升工作项目推进会议。会议听取了十全街项目整体推进、长效管理工作、监控系统运行、交通组织秩序、街区保洁工作及乌鹊桥路架空线入地项目推进等情况的汇报，并就相关事项进行了专题研究部署。

（姑苏十全街专班〔2024〕16 号）

◆ 10 月 14 日，姑苏区召开十全街综合整治提升工作专题会议。会议听取了十全街项目扫尾、视频监控运行及数据分析、长效管理工作等情况的汇报，并就相关事项进行了专题研究部署。

（姑苏十全街专班〔2024〕17 号）

◆ 11 月 6 日，苏州市委常委、保护区党工委书记、姑苏区委书记方文浜，保护区管委会主任、姑苏区区长陈羔出席在十全广场举行的姑苏区“美丽橱窗美丽店招”图片展活动。

◆ 11 月 10 日，苏州市委书记刘小涛与中国工程院院士吴志强、中国科学院院士常青、中国城市规划学会副理事长周岚等专家学者，现场调研十全街综合整治提升工作。市领导方文浜、施嘉泓参加调研。

后记

城市更新不仅是空间的重塑，更是文化基因的传承与创造力的释放。十全街的改造提升，充分践行了习近平总书记“要保护好、挖掘好、运用好，不仅要在物质形式上传承好，更要在心里传承好”的殷殷嘱托，也是落实苏州市第十三次党代会明确的“一中心、两高地、一典范”定位（做优行政和文商旅中心，做强教育医疗高地、科技创意高地，做精苏式生活典范），按照“精细、精致、精微、精雅”目标、“续、多、新”路径（延续文脉、延续传统、延续烟火，赓续发展，接续奋斗，后续评估；多目标协同、多主体参与、多要素融合、多方式实施；政策创新、机制创新、技术创新、业态创新）、“中心 +”“文化 +”“数字 +”策略、“民生优先、安全优先、保护优先”原则，推动苏州古城保护更新发展的一个成功案例，不仅完善了城市功能、提升了城市品质，也改善了人居环境，传承了历史文化，推动了城市高质量发展。可以说，十全街改造从“活化”到“焕新”已经取得初步成效，为中国城市更新探索出了可复制的经验。

十全街在改造提升的过程中得到苏州市委、市政府，姑苏区委、区政府领导的关心指导，相关部门、单位的大力支持，规划设计得到技术专家组的相秉军、尹占群、夏健、覃清硖（使徒子）、王永法等专家及设计团队的技术支撑，在此谨表谢忱！

本书由苏州名城保护集团与中国城市规划研究院（城市更新研究分院、中规院苏州中心）联合编写，苏州规划设计研究院、苏州万和建设发展有限公司协助编写。全面回顾总结了十全街改造提升的历程、更新实践的经验探索、文化挖掘的成果。

本书部分图片使用了姑苏区摄影家协会提供的摄影作品，在此向该协会和摄影者表示感谢；另有个别图片来自网络，因多方联系未果，在此也向其作者表示感谢。

由于本书编写水平有限，难免存在疏漏和错误之处，恳请各界给予惠正。

编　者